PRATIQUE DU MONTAGE

COLLECTION ÉCRITS/ÉCRANS DIRIGÉE PAR CLAUDE GAUTEUR

La Direction de production par Marc Goldstaub
Préface de René Bonnell

L'Assistant réalisateur par Valérie Othnin-Girard
Préface de Bernard Stora

La Script-Girl cinéma/vidéo
par Sylvette Baudrot et Isabel Salvini

Leçons de mise en scène
par Sergueï Mikhaïlovitch Eisenstein et Vladimir Nijny

Exercice du scénario
par Jean-Claude Carrière et Pascal Bonitzer

ISBN 2-907114-08-5
ISSN 0991-6296
© FEMIS 1990

ALBERT JURGENSON

SOPHIE BRUNET

PRATIQUE DU MONTAGE

FEMIS
INSTITUT DE FORMATION ET D'ENSEIGNEMENT POUR LES MÉTIERS
DE L'IMAGE ET DU SON

Les illustrations de cet ouvrage ont été choisies par Albert Jurgenson.

SOMMAIRE

CONVERSATION TÉLÉPHONIQUE   7

INTRODUCTION   13

TOURNAGE ET MONTAGE   15

DIALOGUE (1)   29

SUCCESSION DES PLANS   35

DIALOGUE (2)   43

"MORTELLE RANDONNÉE"   49

LES ELLIPSES   57

"MON ONCLE D'AMÉRIQUE"   67

DIALOGUE (3)   81

FILMS DE FICTION ET FILMS DOCUMENTAIRES 89

"HÔTEL TERMINUS" 97

LE SON ET L'IMAGE 119

DIALOGUE (4) 131

LES AVENTURES DU FILM COMIQUE 141

DIALOGUE (5) 151

" QUADRILLE D'AMOUR" 157
("THE FLYING SCOTCHMAN")

INDEX DES FILMS CITÉS 169

FILMOGRAPHIE D'ALBERT JURGENSON 171

CONVERSATION TÉLÉPHONIQUE

— Allô !
— Allô ! Ici Alain. Bonjour !
— Bonjour Alain. Comment vas-tu ?
— Comme ça... Enfin, je ne vais pas me plaindre aujourd'hui. (Soupir.) Très bien et toile à matelas ?
— Ça va..., ça va.
— Il est 8 heures, c'est mon coup de téléphone habituel avant Elkabach.
— Attends une seconde, il faut que je baisse le son de l'électrophone.
— C'était quoi ?
— Show Boat.
— Je ne sais pas comment tu peux écouter de la musique et faire autre chose en même temps. Moi, il faut d'abord que je lise le livret, pour bien comprendre, puis j'écoute en suivant le texte : je m'immerge complètement. Tu te rends compte combien de temps il me faut pour écouter toutes les musiques ! J'ai un grand retard. Je ne sais pas quand je pourrai m'occuper de Show Boat.
— Tu sais bien que je suis un dilettante.
— Si je pouvais faire comme toi !... Bon, je voulais te demander si tu avais jeté le gruyère qui se trouvait dans le frigidaire de la salle de montage ?
— Naturellement, j'ai eu peur qu'il sente mauvais.
— Et les pommes ?
— Les pommes, je les ai gardées.
— Bon... Y a-t-il toujours de la Vache-qui-rit ?

Alain Resnais et Albert Jurgenson vus par l'équipe d'animation de I want to go home.

— *Oui, toujours dans le frigidaire.*
— *Comme ça je n'aurai rien à apporter la prochaine fois. Très bien... Alors, quelles sont les nouvelles ?*
— *D'abord il faut que nous ayons une séance à l'audi avec les gens de Tri-Track [1] pour les postsynchros.*
— *C'est M. Tric et Mme Trac ou le contraire ?*
— *Ni l'un ni l'autre. C'est une société qui se nomme Tri-Track.*
— *Ah ! bon. Je ne sais pas, moi, tu ne me les as pas présentés. Alors... Pour la séance, c'est quand tu veux sauf demain matin, car j'ai un rendez-vous chez mon dentiste, et comme il est très compliqué d'avoir un rendez-vous...*
— *D'accord. Nous pourrions nous retrouver, si cela t'est possible, vers 13 heures dans la salle de montage pour parler du générique avec Dominique [2], elle veut absolument te voir.*
— *Bon, mais j'arriverai vers midi et demi, et comme tu seras encore à la cantine, laisse-moi la clef de la salle sur le compteur, que je puisse manger avant votre arrivée.*
— *Après-demain nous avons rendez-vous à 10 h 30 avec l'équipe d'Excalibur [3] pour les incrustations. De plus, Marin [4] passera certainement nous voir, il a à nous parler.*
— *C'est noté... J'aimerais bien assister dans un coin à une réunion de travail entre Marin et Dominique. Il y a bien d'autres choses que j'aimerais faire dans la vie, mais quand même... Je voudrais savoir pourquoi Dominique arrive toujours si fébrile après une discussion avec Marin. Que peut-il lui raconter ? Il y a une telle intensité dans ce qu'elle dit...*
— *Il doit l'impressionner. C'est comme toi, tu es très impressionnant...*
— *Moi, impressionnant ?* (Long silence.) *J'ai découpé des articles pour toi, je te les donnerai demain, tu rigoleras bien.*
— *En attendant, n'oublie pas d'apporter les dessins que Feiffer [5] t'a donnés à New York.*

---

1. Société de postsynchronisation des films.
2. Dominique Lefèvre, chargée de fin de production du film.
3. Société d'effets spéciaux.
4. Marin Karmitz, producteur du film.
5. Scénariste américain du film.

— C'est noté. J'ai aussi photocopié un article sur Kander [6] avec sa photo. Je te l'apporterai, tu pourras l'accrocher dans la salle de montage. Au fait, reste-t-il du pain suédois ?
— Oui, deux paquets.
— Quelle chance que Kander écrive la musique du film ! J'avais très peur qu'il ne veuille pas.
— (Étonné) Ah bon ?
— On ne sait jamais. Après avoir vu le film, il pouvait très bien dire non. Rappelle-toi pour Providence...
— Ah oui !... Dis-moi, Alain, n'oublie pas : mercredi je vais déjeuner chez ma mère...
— C'est vrai, le jour des enfants. Chic ! comme ça tu pourras me déposer à la porte de Saint-Cloud avec ton auto. J'espère qu'on aura fini avec Marin.
— Il faudra bien. De toute manière, Marin a un déjeuner après, donc ça ne peut pas durer cent sept ans.
— La production doit se mettre d'accord avec Kander pour les dates et le lieu d'enregistrement de la musique. Christian Ferry [7] est parti pour Rome et je n'étais pas prévenu. Naturellement, je pourrais lui téléphoner là-bas pour lui parler, mais déjà le courrier et les coups de téléphone s'accumulent. C'est vraiment la barbe ! Je ne suis pas sûr d'y arriver, il me manque vraiment quelques jours de repos entre le tournage et la finition. Tous mes confrères les prennent. Toi qui travailles avec d'autres metteurs en scène, c'est toujours comme ça ? Comment font-ils ? Miller, il arrive à tout faire ? Et Oury ? Aujourd'hui, j'ai envie de whining [8], ça me fait du bien... Dis-moi, cette séance en audi pour les doublages, on ne dépassera pas 18 heures ?
— Non, Alain.
— La machine à café fonctionne-t-elle aux studios ?
— Mais oui... Pourquoi ?
— Parce que la dernière fois elle ne marchait plus. J'ai mis plusieurs pièces sans succès, et je n'ai pas eu de café... C'est indispensable, le café. Autrement je dors.

---

6. *Musicien américain du film.*
7. *Producteur délégué.*
8. *En anglais: geindre, se plaindre.*

— *Pourquoi n'es-tu pas allé au bar ?*
— *D'abord, le bar, c'est bruyant, et tu sais bien que si je vais au bar je risque de rencontrer une personne que je connais, et comme je ne sais pas terminer une conversation, ça peut durer très longtemps... Alors je ne vais plus au bar.*
— *Quand téléphones-tu à Kander ?*
— *Je l'ai eu, je ne te l'ai pas dit ? Ça a été terrible pour moi. Les personnes à qui je ne peux pas téléphoner tôt le matin, ensuite c'est toute une journée de fichue. Elles ne sont plus là, ce n'est pas libre, ça ne répond pas... Pour Kander il m'a fallu attendre 6 heures du soir, afin de l'avoir chez lui à New York vers midi. J'avais le trac, si bien que, lorsque je l'ai enfin eu au bout du fil, je ne pouvais plus parler anglais. Je me suis certainement mal exprimé* [9], *tellement la volonté de bien entendre et de bien comprendre m'a fait transpirer. Cet homme, c'est la crème des crèmes, toujours de bonne humeur, si chaleureux. Il travaille ; il a déjà écrit quelques airs. Nous avons convenu d'un autre rendez-vous téléphonique. Maintenant, j'écoute tout ce que je peux trouver ici écrit par lui. ça me prend beaucoup de temps.*
— *Il faudrait aussi que tu consacres un certain temps aux sonnettes* [10]. *Nadine* [11] *a besoin de te poser quelques questions. Les mixages, c'est dans huit semaines.*
— *Je n'oublie pas... Mais il y a tellement à faire d'ici là !*
— *Et Florence* [12] *? Est-elle partie pour Marrakech ?*
— *Oh! oui, la veinarde, elle va pouvoir manger du tajine au citron ! Je ne me souviens pas si je suis allé à la Mamounia, peut-être que c'était à Fez... Je n'arrive pas à savoir... Bon, ne nous éloignons pas du sujet. Il ne faut plus que je parle d'autre chose que du film.*
— *Tu as autre chose à me dire ?*
— *Attends, je regarde dans mon cahier rouge... Non, rien. Rien pour aujourd'hui. Bon, maintenant j'ai d'autres coups de téléphone à donner. Allons-y...* (Soupir.) *A tout à l'heure. Au revoir.*
— *Au revoir, Alain.*

---

9. *Alain comprend et parle parfaitement l'anglais.*
10. *Mot inventé par Alain pour désigner les monteuses qui s'occupent du son.*
11. *Nadine Muse, chef monteuse du son.*
12. *Florence Malraux, femme et collaboratrice d'Alain.*

*Je suis sûre que ce genre de conversation entre Alain Resnais et Albert Jurgenson s'est répété, sous d'autres formes, aussi bien entre ce dernier et les nombreux réalisateurs dont il a monté les films qu'entre d'autres réalisateurs et d'autres monteurs. Peut-être y a-t-il, derrière tous ces mots, une approche du film en cours aussi indispensable que la répartition de l'emploi du temps en séances de travail. Albert a voulu reproduire, à travers sa collaboration avec moi, cette même approche du travail. J'ai été son élève à l'I.D.H.E.C., puis son assistante pour le montage d'*Hôtel Terminus. *Ces expériences passées me permettent aujourd'hui de faire encore ce chemin avec lui, pour cet ouvrage qui repose sur sa seule expérience, riche du montage de plus de quatre-vingts longs métrages.*

Sophie Brunet

INTRODUCTION

*Ce livre est destiné
à ceux que le montage intéresse,
qui veulent en savoir plus,
et à tous ceux qui pensent
qu'un film est terminé
au dernier jour de tournage.*

L e montage est l'élément le plus spécifique du langage cinématographique. Son importance parmi les moyens d'expression du septième art a varié au cours de l'histoire du cinéma, mais il ne semble pas que sa prépondérance puisse être contestée. On peut définir le montage comme étant l'organisation des plans d'un film selon certaines conditions d'ordre et de durée. Il est hors de doute que la qualité d'un film repose en grande partie sur la qualité du montage.

Opération aujourd'hui considérée comme naturelle et inévitable, le montage n'est cependant pas né avec l'invention du cinématographe. On peut dire que la naissance du montage date du jour où l'on a songé à modifier le point de vue de la caméra sur une scène au cours de cette scène, c'est-à-dire à changer de place sans autre but qu'une plus claire description de l'action ou une meilleure construction dramatique. La notion de montage est intimement liée à celle de découpage : ce sont les deux moments complémentaires et indissociables de l'activité créatrice du cinéaste : le choix et la mise en ordre du réel afin de donner naissance à l'œuvre d'art.

En français, le mot «montage» désigne à la fois le travail technique du monteur et le résultat artistique de ce travail. Ce n'est pas la partie technique du montage qui en fait la difficulté. Dans ce domaine, le savoir-faire indispensable est très simple, et facile à assimiler. Nous n'aborderons donc pas cet aspect, que seule l'expérience peut enseigner vraiment. En fait, le travail du monteur est un travail plus artistique que technique, dans lequel la motivation est essentielle, même s'il est totalement dépendant d'une pratique professionnelle. Il a sa part dans l'accomplissement artistique du film. La signification d'un plan dépend en effet non seulement de ce qu'il représente, mais aussi de sa durée, et l'évaluation de cette durée dépend directement du monteur. Le montage donne donc le sens de la ponctuation, de la concision et du rythme dans le récit visuel.

La justification psychologique du montage correspond aux exigences de la vision d'un spectateur parfait qui aurait à chaque instant sur l'événement le point de vue le plus clair, le plus précis, le plus complet. Dans le cadre de cette vision supérieure et intelligente, on peut considérer que le passage de chaque plan au suivant est déterminé par l'attention visuelle ou par la tension mentale. C'est parce qu'il existe entre chaque plan cette continuité d'interrogation ou d'intérêt que la suite des plans est compréhensible pour le spectateur : elle correspond en effet à sa propre vision naturelle, rendue idéalement lucide et perspicace, tout en restant fondamentalement identique.

De la confrontation de deux images naît une signification, une idée qui ne fait partie intégrante ni de l'une ni de l'autre de ces deux images considérées séparément. C'est parce que le montage nous donne une reconstruction plastique et une mise en forme intellectuelle de la réalité, indépendamment même du contenu dramatique de cette réalité, par son aspect esthétique et sa prédominance, qu'il reste parmi les moyens d'expression cinématographique le plus spécifique.

TOURNAGE ET MONTAGE

> « *Je ne peux pas croire que le montage ne soit pas l'essentiel pour le metteur en scène, le seul moment où il contrôle complètement la forme de son film. Le seul endroit où j'exerce un contrôle absolu est la salle de montage. C'est toute l'éloquence du cinéma que l'on fabrique dans la salle de montage.* »
>
> ORSON WELLES

Contrairement à ce que croient la majorité des spectateurs, les films ne sont pas tournés tels que nous les voyons au cinéma. La consommation désormais quotidienne de récits audiovisuels en tous genres n'a en effet pas ou peu développé chez le public la connaissance ni même la simple perception des éléments dont ils sont composés. Plus ou moins consciemment, les films sont perçus comme une continuité, une «tranche de vie» sans coupure. Seules les grandes articulations de récit (changements manifestes de lieu ou d'époque) sont actuellement saisies comme le résultat d'un découpage dans la narration, correspondant à des tournages différents. Peut-être justement à cause de ce déferlement d'images que nous subissons. Il semble que, dans la plupart des cas, le spectateur ne conçoit même pas qu'une scène dialoguée, par exemple, est composée de plusieurs plans.

Le morcellement du film et les possibilités de montage pour raconter visuellement une histoire sont une des caractéristiques de l'art cinématographique. D'ailleurs, de l'aveu même d'Alfred Hitchcock, il eut beaucoup de difficultés à tourner *La Corde*

(*Rope*) : «Je ne sais vraiment pas pourquoi je me suis laissé entraîner dans ce truc de *Rope*, je ne peux pas appeler cela autrement qu'un "truc". A présent, quand j'y réfléchis, je me rends compte que c'était complètement idiot parce que je rompais avec toutes mes traditions. Oui, il faut découper les films» (*Le Cinéma selon Hitchcock*, François Truffaut, Ramsay, 1983). Peut-être faut-il préciser ce qu'entend Hitchcock par le «truc» de *La Corde*. Un film de long métrage, d'une heure trente environ, comporte à peu près 600 plans. Parfois plus, parfois moins. Dans *La Corde*, les plans durent la totalité du métrage de pellicule contenue dans un chargeur de caméra, c'est-à-dire environ dix minutes. On comprend l'expression «truc» employée par Hitchcock, car cette tentative, unique dans l'histoire du cinéma, de faire un film qui se passe autant que possible du montage l'a conduit à chercher des «ruses» à chaque fin de bobine. Le passage d'un plan à l'autre se fait la plupart du temps sur un personnage dont le dos vient faire «volet», et ce procédé, s'il dissimule le raccord, désigne en même temps la coupe, par le caractère artificiel qu'il revêt.

Habituellement, le réalisateur prévoit donc un découpage de son film, séquence par séquence, c'est-à-dire le nombre de plans, avec leur axe et leur grosseur, qu'il lui faudra tourner pour mener au mieux son récit. On pourrait croire qu'une fois cela établi et tourné le rôle du monteur se borne à ranger et à coller ensemble ces plans selon l'organisation prévue. En fait, l'importance du montage s'accroît proportionnellement avec celle du découpage. Certains réalisateurs, qui font un découpage moins abondant de leurs films, limitent de ce fait le rôle du montage. Ainsi Buñuel écrivait-il en 1927-28 dans la *Gaceta literaria* de Madrid : «André Levinson publia, voici quelque temps, une étude sur le style au cinéma, où il attribuait au montage autant de qualités que nous en avons accordé nous-même à la segmentation. Cela est dû, sans doute, au confusionnisme qui règne en matière de termes techniques et à la connaissance incomplète des procédés cinématographiques. Qu'importe que, parfois, et presque toujours à cause de l'insuffisance d'un découpage, on complète dans l'opération posthume du montage les déficiences et les erreurs que l'on aurait dû prévoir au début ? Il se trouve même des gens pour commencer à filmer sans avoir trouvé une seule ligne de leur découpage, et ce, dans la majorité des cas, par ignorance crasse du métier ; et d'autres, ce qui est moins fréquent, par excès de pratique, de suffisance, parce qu'ils ont beaucoup pensé à ce qu'ils allaient entreprendre et que, par avance, ils disposent d'un montage mental. Le fait même pour quelqu'un de s'installer avec son appareil devant l'objet à filmer présuppose l'existence d'un découpage.

Il arrive aussi qu'au moment de la réalisation, parce que l'exigent les circonstances, il soit nécessaire d'improviser, de corriger, de supprimer des choses qu'auparavant on avait considérées comme bonnes. Que le découpage soit écrit ou non, son idée est inhérente à la notion de film, de même que l'est aussi celle de l'objectif. Quant au montage, il n'est rien d'autre que "la main à la pâte", l'acte matériel d'accoupler des éléments bout à bout, en faisant concorder les différents plans entre eux ; en se débarrassant, à grand renfort de ciseaux, de quelques images importunes. Opération délicate, mais éminemment manuelle. L'idée directrice, le défilé silencieux [*le cinéma était encore muet*] des images, concrètes, déterminantes, mises en valeur dans l'espace et dans le temps, en un mot le film a connu sa première projection dans le cerveau du cinéaste» (*Cahiers du cinéma* n° 223, août-septembre 1970).

Chaque film s'inscrit à sa façon entre ces deux extrêmes : d'une part le découpage «à la Buñuel», pourrait-on dire, qui impose sa loi au montage, et d'autre part un type de découpage que l'on peut définir comme découpage «à l'américaine». Cette dernière méthode provient de la pratique des studios hollywoodiens, au sein desquels le réalisateur n'avait pas (et, souvent, n'a toujours pas) la responsabilité entière de son film. Le producteur était le véritable maître d'œuvre, celui à qui appartenait le *final cut*, c'est-à-dire le dernier mot sur le montage. Le réalisateur, lui, n'assistait même pas à cette opération. Il ne cherchait donc pas à prévoir trop précisément un montage qui n'entrait pas dans ses attributions. Il s'efforçait au contraire de fournir un matériel aussi varié que possible, afin d'offrir à ceux dont c'était le rôle de plus amples possibilités de choix. Ce rôle de simple «fournisseur» a cependant rencontré quelques exceptions, dont, justement, Alfred Hitchcock. Bien que les réalisateurs américains prennent de nos jours une part active à leur montage (avec ou sans *final cut*), cette pratique du découpage s'est maintenue et même étendue à de nombreux réalisateurs européens, qui préfèrent multiplier au tournage le nombre de combinaisons possibles et faire ainsi de la salle de montage le lieu privilégié de leur expérimentation. Poussé à son extrême, ce type de découpage peut trouver rapidement ses limites et est justement critiqué par Buñuel dans le texte cité. Il peut conduire en effet à un certain laxisme de la part du réalisateur qui a choisi de «se couvrir», c'est-à-dire d'accumuler, pour la même partie d'action ou de dialogue, un grand nombre de plans de grosseurs et d'axes différents, plutôt que de décider réellement comment son récit devait être conduit. Cependant, il est toujours intéressant de conserver un choix suffisant pour le montage, afin qu'il puisse jouer pleinement son rôle, en employant, si besoin est, une solution de rechange.

Buñuel lui-même, pour *Belle de jour*, a parfois adopté une attitude un peu moins catégorique que celle qu'il soutient dans son article. La séquence où Michel Piccoli retrouve Catherine Deneuve, dans la maison close où elle exerce ses talents, avait tout d'abord été filmée en un seul plan-séquence. Mais, à la fin de la journée de tournage, Buñuel fut pris d'un doute et, contrairement à ses habitudes, décida d'assister à la projection des rushes. Le lendemain, il tourna deux plans supplémentaires, finalement indispensables au montage de cette séquence. Une grande partie du talent des cinéastes vient de leur faculté de trouver à la fois les véritables articulations du film et la façon de les mettre en valeur. Ils peuvent ainsi anticiper sur le montage pour déterminer que telle partie du dialogue nécessite un gros plan, ou telle action un travelling. A défaut d'avoir effectué ce travail, le réalisateur pourra multiplier ses prises de vues à l'infini, sans savoir davantage se décider au montage pour telle ou telle solution. Nous ne pouvons que répéter avec Buñuel : «Le fait même pour quelqu'un de s'installer avec son appareil devant l'objet à filmer présuppose l'existence d'un découpage», ou citer Alain Resnais : «Quand on tourne un plan, la mise en scène consiste presque toujours à imaginer ce qui va se passer quand on aura fait la collure» (*Écran* n° 27, juillet 1974).

Évidemment, ces différences de style de tournage se retrouvent au montage, où elles impliquent différentes méthodes de travail. Chaque réalisateur, et même chaque film, trouve, entre ces deux pôles, la place qui lui convient, plus ou moins près de l'une des deux options. Mais cet aspect, que l'on pourrait appeler le facteur plus ou moins important de «couverture» du tournage, n'est pas le seul qui entre en ligne de compte dans l'écart entre le matériel filmé et le film terminé.

En premier lieu, il est à noter que plusieurs prises sont faites du même plan. En effet, tant d'éléments doivent concourir à la réussite d'un plan (jeu des comédiens, déplacements de la caméra, qualité de la lumière et du son, conditions météorologiques, etc.) que, même après plusieurs répétitions, il est fréquent que le premier essai ne donne pas entière satisfaction. De plus, le réalisateur, même s'il a du premier coup obtenu ce qu'il désirait, est souvent tenté, à juste raison, de chercher des variantes, de demander aux comédiens un jeu légèrement différent par exemple, afin là encore de s'octroyer au montage une plus grande liberté de choix. En ce domaine, comme c'était le cas pour le style de découpage, il n'y a pas de règle fixe, et le nombre de prises varie énormément d'un réalisateur à l'autre, d'un film à l'autre, et d'un plan à l'autre.

En second lieu, pour des raisons de gain de temps au tournage, il arrive fréquemment que soit tournée en un seul plan une action dont le découpage prévoit qu'elle sera fragmentée au montage en plusieurs plans. Le monteur aura donc la charge d'insérer les fragments de ce plan aux endroits prévus. Dans une séquence entre deux personnages, même si le réalisateur a choisi de prendre une certaine réplique *on* sur le premier personnage (c'est-à-dire que le personnage qui parle est à l'image), il arrivera couramment que cette même réplique soit également filmée *off* sur le deuxième

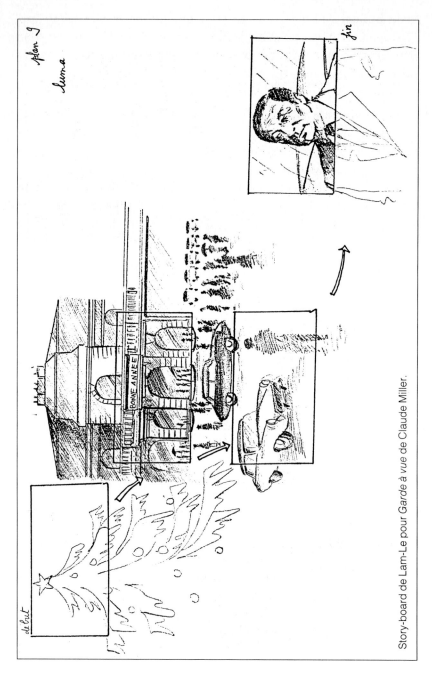

Story-board de Lam-Le pour *Garde à vue* de Claude Miller.

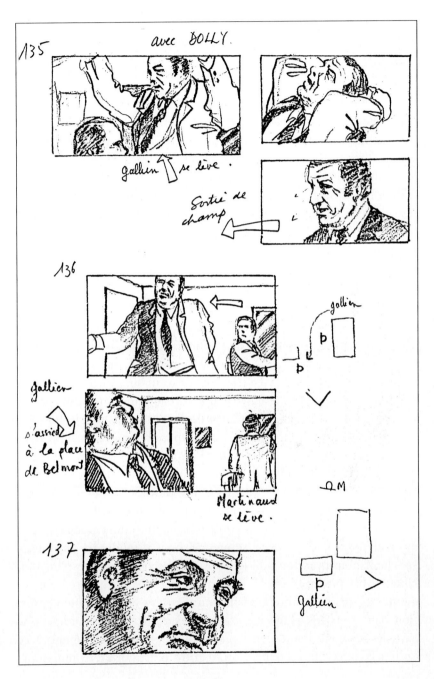

personnage (c'est-à-dire que l'on entend, sur l'image d'un personnage, la parole d'un autre). De cette façon, le réalisateur fait d'une pierre deux coups : il permet aux deux comédiens de s'installer dans un jeu moins fragmenté et il conserve la possibilité de placer au montage ces répliques sur le comédien qu'il veut.

Interrogé sur *Garde à vue* par Olivier Curchod, Claude Miller décrit ainsi sa façon de tourner : «Je tournais des scènes très longues sur tous les personnages, c'est-à-dire que je filmais toujours la réaction de l'interlocuteur pendant qu'un autre parlait. Systématiquement. C'était un principe dès le départ parce que je voulais avoir le choix, sans savoir exactement ce que je ferais au montage. Ensuite quand on a monté avec Albert Jurgenson, il y avait des moments où l'on trouvait la tronche de l'autre tellement formidable... Je me rends compte effectivement que quand on a un dialogue brillant, on filme celui qui cause et non celui qui reçoit, alors que c'est souvent très drôle d'avoir la réaction de l'autre» (*Cicim* n° 12, juillet 1985).

Chaque décision de montage dépend bien sûr, comme le dit Miller, du jeu des acteurs et de l'action. Mais elle dépend aussi du cadre, de l'axe, de la lumière des deux plans, de la vitesse du mouvement dans l'un et l'autre, et enfin du son, du rythme de la parole qui a précédé, de celle qui suit, et même du rythme de la séquence entière. Quand on multiplie ces quelques possibilités par 24 images/seconde, on voit qu'il est impossible au réalisateur d'arrêter simplement le premier plan à l'endroit qui lui semble bon, et de reprendre le second dans la continuité de l'action. Pour trouver le meilleur raccord, il devra au contraire tourner toute l'action dans le premier plan, puis dans le deuxième, éventuellement dans un troisième, etc. Chacun de ces plans ne comprendra peut-être pas intégralement l'action de la séquence, mais il faudra qu'ils se chevauchent pour que l'on puisse, au montage, obtenir le résultat souhaité. Il est probable que le comédien n'a pas fait exactement les mêmes gestes ou qu'il n'a pas retrouvé tout à fait la même expression dans tous les plans. Le raccord exact, le moment où, d'une part, le geste du comédien dans le premier plan correspond à ce qu'il a fait dans le second et où, d'autre part, l'intérêt dramatique est le plus puissant pour passer d'un plan à l'autre, ce moment précis, à l'image près, sera déterminé au montage.

De la même façon, on tournera presque automatiquement les entrées de champ. Imaginons une petite histoire : un meurtrier est surpris par un intrus alors qu'il est en train de verser du poison dans la tasse de sa victime. Le réalisateur a choisi de montrer l'assassin dans ses préparatifs, et en même temps de surprendre le spectateur en ne montrant le visiteur importun que lorsqu'il pose la main sur l'épaule du meurtrier. Il est probable qu'il filmera quand même l'entrée de l'intrus dans la pièce. Car il sait qu'au montage il choisira peut-être cette arrivée, finalement plus surprenante, ou au contraire moins abrupte. On pourra ainsi monter en toute liberté ce qui semble être le meilleur de chaque plan.

On voit donc, à l'aide de cet exemple, que, même sans se couvrir exagérément, un réalisateur est toujours amené à fournir au montage beaucoup plus d'éléments qu'il n'en sera finalement utilisé. Certains types de films, les comédies par exemple, nécessitent plus que d'autres que l'on se réserve au montage un éventail de possibilités. Il est extrêmement difficile en effet de prévoir exactement l'organisation d'un gag : dans certains cas le rire jaillit de la surprise ; dans d'autres, au contraire, il requiert une certaine complicité de la part du spectateur. David Lean cite l'exemple suivant :

«Imaginez deux plans :

« 1. Laurel et Hardy courent dans une rue, cadrés en pied. Après quinze secondes environ, Hardy glisse et tombe sur le pavé.

« 2. Gros plan d'une peau de banane sur le pavé. Le pied de Hardy entre dans le champ, marche sur la peau de banane et glisse.

« Où montreriez-vous la peau de banane ? (...) La réponse est dans cette vieille maxime de comédie : "Dites-leur ce que vous allez faire. Faites-le. Et dites-leur que vous l'avez fait." En d'autres termes, cette scène doit être montée comme suit :

« 1. Plan moyen de Laurel et Hardy courant dans la rue.

« 2. Gros plan de la peau de banane sur le pavé (vous avez dit aux spectateurs ce que vous allez faire, et ils commencent à rire).

« 3. Plan moyen de Laurel et Hardy toujours en train de courir (les spectateurs rient de plus en plus). Ils courent encore quelques secondes, puis Hardy s'écrase sur le pavé (les rires redoublent. Ayant dit aux spectateurs ce que vous alliez faire et l'ayant fait, comment allez-vous leur dire que vous l'avez fait ?).
« 4. Gros plan de Laurel faisant un geste de désespoir (les spectateurs riront de plus belle)» (*Working For the Films*, Focal Press, 1947).

La seule façon de déterminer la présentation qui se prêtera le mieux à chaque effet comique est de les explorer toutes. Il faut évidemment que le «matériel» fourni par le tournage le permette. Frank Capra avait imaginé avec son monteur de placer des microphones dans une salle de projection. Il y faisait venir un public choisi au hasard et testait ainsi ses films avant leur exploitation. Il enregistrait les réactions de ces premiers spectateurs, et modifiait ensuite son montage en fonction des rires que chaque gag déclenchait ou ne déclenchait pas.

Un autre facteur important de différence entre tournage et montage réside dans la construction même du film. Il est fréquent que l'on s'aperçoive au moment du montage — c'est un peu la mise à l'épreuve de tous les enjeux du film — que la structure du récit doit subir quelques aménagements. Les raisons peuvent en être très nombreuses et diverses : d'abord, les imperfections techniques. Si, par exemple, dans une séquence on a un plan flou ou rayé, on évitera de l'utiliser, et cette réserve se répercutera sur la construction de la séquence tout entière. Ensuite, les performances des comédiens, qui infléchissent considérablement la construction d'un film. Louis de Funès avait un jeu très physique qui impliquait qu'au montage on mette l'accent plutôt sur les mimiques que sur les répliques. Imaginons *La Grande Vadrouille* avec d'autres comédiens que de Funès et Bourvil ; ce type de montage ne tiendrait sans doute pas. Un autre exemple nous est fourni par *La Nuit de l'océan*, un film inédit d'Antoine Perset. Il est bien évident que la présence de Jeanne Moreau a énormément influencé le montage. Non seulement elle faisait exister le film et son personnage dès qu'elle était à l'écran, mais elle soutenait aussi ses partenaires. Ils étaient plus inspirés dans les séquences où ils jouaient avec elle que dans celles où ils paraissaient seuls. Cela a déterminé un certain nombre de changements dans le déroulement du récit. Autres facteurs qui motivent un changement radical de construction au moment du montage : les faiblesses de mise en scène et les insuffisances de scénario. Tous ces problèmes se tiennent : ni les comédiens ni les réalisateurs ne peuvent soutenir correctement un scénario défaillant. Quelques séquences parfois peuvent être sauvées par le talent des uns ou des autres, mais la plupart du temps l'ensemble donne un sentiment de longueur, de redite ou de confusion dans le récit. Un acteur ou une actrice peuvent bien sûr apporter une certaine grâce, un certain dynamisme, mais jamais tenir à eux seuls un film mal écrit. De la même façon, le monteur saura peut-être améliorer quelques séquences, mais il ne pourra pas en dissimuler, sur l'ensemble du film, le caractère de «rattrapage».

Enfin, indépendamment des éventuelles faiblesses de scénario, il est un domaine dans lequel la part d'intervention du montage est considérable : celui d'un film ou d'une séquence comprenant un événement que le réalisateur ne peut pas ou ne veut pas contrôler. Traditionnellement, cette attitude du cinéaste face à la réalité était réservée à des tournages de type reportage. Mais il semble que, de nos jours, ce type de clivage entre «cinéma du réel» d'une part et fiction de l'autre tende à disparaître. Sans contester tout à fait l'utilité d'une telle classification, encore parfaitement efficiente il y a quelque temps, nous pensons qu'elle ne permet plus désormais d'établir des différences pertinentes entre les films, mais plutôt au sein même de ceux-ci. Le mélange des genres, qui est peut-être la caractéristique la plus marquante du cinéma contemporain, a fait que de nombreux films de fiction comprennent à présent une ou plusieurs séquences de type documentaire. La différence, en fait, réside dans la façon dont le cinéaste se place face à l'événement qu'il veut appréhender. Refuser d'y interférer ou de le recréer artificiellement n'est pas seulement une décision morale, mais avant tout un choix esthétique. On peut dater l'utilisation consciente d'une réalité «brute» à l'intérieur même de la fiction à l'apparition du néoréalisme italien, et aux premiers films de Rossellini en particulier. Cette démarche implique évidemment des techniques de tournage et de montage plus proches du reportage que de la fiction traditionnelle. Que l'on pense, par exemple, à la séquence de la pêche au thon dans *Stromboli*, et l'on imagine dans quelles conditions de reportage Rossellini a dû tourner pour intégrer son héroïne à un événement naturel de cette dimension. Pour capter le moment où les milliers de poissons se prennent dans les filets des pêcheurs, et où ceux-ci les capturent, dans cette atmosphère de lutte sauvage, remplie de l'urgence de ne rien laisser s'échapper, il a fallu tourner plus que nous ne découvrons finalement sur l'écran. Il a fallu être à l'affût de l'instant magique, et peut-être même tenter de le dilater en filmant plusieurs pêches au thon qui, par la vertu du montage, n'en feront finalement qu'une seule. Mais celle-là saura retracer l'événement dans sa totalité, décrire à la fois les gestes des pêcheurs et le jaillissement des poissons, la gravité de l'attente et la joie de la capture, sans oublier le regard d'Ingrid Bergman...

Cette méthode — ou cette attitude — qui consiste en quelque sorte à laisser venir le réel à soi ne se limite pas à des événements gigantesques, difficiles à recréer (il n'est d'ailleurs pas impossible d'imaginer la pêche au thon tournée dans les piscines des studios hollywoodiens). Elle procède, nous l'avons dit, d'une démarche artistique plus encore que d'impératifs techniques ou économiques. Elle est donc également appliquée à des événements plus modestes mais qui ainsi gagnent en spontanéité. Au début du film de John Boorman *Délivrance* (monté par Tom Priestley), il y a une séquence où les quatre héros parviennent dans un village perdu de l'Amérique profonde. L'un d'eux est musicien ; il joue de la guitare. Il interprète un morceau du répertoire traditionnel en duo avec un enfant attardé mental qui, lui, possède un banjo. Le son et l'image, tout concourt à l'harmonie de la séquence, bien filmée, bien éclairée, avec une grande discrétion, une belle limpidité. Il y avait toutes les grosseurs de plan sur l'enfant qui joue, le guitariste, ses compagnons, les villageois, l'environnement ; pas de mouvements, uniquement des plans fixes. Le monteur a donc pu choisir, pour chaque personnage, le meilleur moment, celui où il se caractérise le mieux, et où il contribue le mieux au cheminement de l'émotion. Un matériel aussi abondant permet de créer une séquence dans laquelle chaque moment est aussi parfaitement «en place» que s'il était le résultat d'un découpage rigoureux, avec en plus un gain certain de «réalité», un petit air de liberté...

DIALOGUE (1)

> «*Montage. Passage d'images mortes à des images vivantes. Tout refleurit.*»
>
> Robert Bresson

S.B. : Comment s'y prend-on quand on a ce type de matériel ? Car on peut dire que pour le champ/contre-champ il y a des méthodes, mais là !

A.J. : C'est toujours le même problème : il faut commencer. Et, pour commencer, je me raconte une histoire, c'est la seule manière pour moi. Je spécule à partir de cette histoire. Un plan succède à un autre, guidés, dans *Délivrance*, par la musique. Je me raconte que ce personnage qui tourne la tête et qui sourit est en train de s'amuser des larges mouvements que fait un des villageois pour marquer le rythme du banjo ; et ces deux plans vont déboucher sur un troisième, etc. Dans le cas d'une séquence dialoguée, il faudra sans cesse se raconter l'histoire de celui qui ne parle pas : que fait-il ? Que pense-t-il ? A quel moment sera-t-il intéressant de faire voir sa réaction ? On bâtit la séquence, on la regarde pour la première fois, et alors commencent les modifications. Dans ce processus de modification, tu trépignes, tu râles, car tu trouves que tu n'as pas le plan nécessaire, tu regardes les doubles, les chutes... Mais tu as commencé. Le plus dur est toujours de commencer.

S.B. : Il y a en quelque sorte un travail de «sur-scénarisation», une deuxième, ou plutôt une troisième écriture. Le scénariste a décrit la scène avec des mots, le réalisateur, en filmant, lui a donné vie, et le monteur détermine sa forme définitive. C'est comme un entonnoir : à chaque fois le passage devient plus étroit.

A.J. : On refait effectivement un travail de «scénarisation», et cela dans tous les cas. Pour une séquence comme celle de *Délivrance*, ce travail est sans doute plus important, c'est tout.

S.B. : *Cela veut dire que la seule méthode, c'est de regarder les rushes jusqu'au moment où on commence à y voir un début d'histoire. Comme dit Resnais : «Le maître du film, c'est le film !»*

A.J. : Cela veut dire qu'on peut regarder un plan pendant trois jours et croire tout savoir de sa signification, sans avoir le moins du monde avancé. Seule compte la possibilité de relier ce plan à d'autres plans ; seuls les plans rassemblés prendront un caractère lisible, prendront un sens. Considéré isolément, un plan d'un film ne veut rien dire. A peine a-t-on réussi, après plusieurs erreurs et essais, à l'inclure dans le montage qu'il disparaît, cesse d'exister en tant que plan au profit du film.

S.B. : *Il faut donc savoir lire un plan. C'est le premier rôle du monteur.*

A.J. : Oui, parce que beaucoup de réalisateurs ont du mal à le faire. Ils ont tendance à voir sur l'écran leurs propres intentions plutôt que le résultat de celles-ci. De plus, ils s'attachent à certains plans pour des raisons qui ne sont pas des raisons artistiques ; il est plus difficile de se défaire d'un plan inutile quand on sait qu'il a coûté très cher, ou qu'il a été très dur de l'obtenir. Par exemple, Claude Miller a rencontré ce type de difficulté avec *Mortelle Randonnée*. Les conditions de tournage ont parfois pris le pas sur les impératifs du récit, et l'ont conduit à tourner et garder certains plans et certaines séquences qui, dans l'économie du film, étaient superflus. C'est pour cette raison que je ne vais jamais sur les tournages, afin de conserver une certaine fraîcheur qui me permettra de faire une bonne «lecture» de chaque plan. J'ai remarqué un phénomène intéressant, avec les étudiants, c'est qu'ils savent parfaitement lire un plan — et parfois l'analyser brillamment — quand ils vont au cinéma, mais semblent ne plus du tout savoir le faire quand ils travaillent au montage. C'est particulièrement visible sur les raccords : ils font des raccords sur des détails qui n'ont aucune importance dans le récit. L'autre jour, j'ai vu une séquence montée par un étudiant. Il avait fait bien attention, pour passer d'un plan à l'autre, à ce que le personnage qui était dans le fond de l'image, et qui n'avait aucune importance, ait exactement la même position dans les deux plans. Le raccord était juste à ce niveau, mais n'avait aucun intérêt car c'était le comédien qui était au premier plan de l'image que l'on regardait. évidemment, ce n'est pas uniquement une question de premier plan ou d'arrière-plan. Dans certains cas, le regard sera plutôt attiré dans la profondeur de champ. C'est une question d'action, de cadre, de lumière, de son...

S.B. : Cela veut dire sans doute qu'un plan est beaucoup plus difficile à lire quand il est isolé. Dans un film terminé, le déroulement du récit, le rapport des plans les uns avec les autres, l'emplacement même de la coupe dirigent le regard, nous amènent à l'essentiel. Faire le chemin inverse est beaucoup plus difficile. Il y a une fascination du plan isolé, dans lequel on repère tous les détails parce qu'on ne sait pas encore lesquels vont servir au récit. Si le plan est bien mis en scène, on doit pouvoir les trouver, surtout à l'aide des autres plans de la séquence, mais lorsqu'ils sont ainsi tous «à plat» cela demande beaucoup de concentration.

A.J. : C'est plus que de la concentration : il faut aimer le cinéma !

S.B. : Oui, je vous ai déjà entendu dire cela et j'y ai beaucoup réfléchi. Car enfin pourquoi est-ce si difficile ? S'il suffisait de bien réfléchir, de bien se concentrer, de bien regarder... Mais ce n'est pas seulement cela. J'ai même parfois l'impression que tout cet effort que je fais, moi, par exemple, nuit un peu à ma vision, à ma lecture des rushes ou du montage en cours. Alors que vous, vous avez l'air de vous laisser aller, et vous voyez tout avec une rapidité étonnante. J'ai réfléchi à cela et finalement je pense que le montage, ce n'est pas une aventure intellectuelle mais une aventure spirituelle. Je pense que c'est cela que vous vouliez dire en disant qu'il fallait «aimer le cinéma»...

A.J. : Peut-être, oui... Mais il faut aimer le cinéma de l'intérieur, parce qu'il faut rentrer dans le récit. Le mot «aimer» est un peu galvaudé. C'est une attitude à la fois passive et active ; il faut se laisser porter par ses émotions et surtout tâcher de les retenir. C'est peut-être le plus difficile.

S.B. : Il faut être à l'écoute de soi-même.

A.J. : On en revient au problème de la fraîcheur. On a toujours une première impression, qui en général est la bonne, mais si on la laisse passer, on est foutu ! Parce qu'on s'habitue à tout. Au bout de quatre visions, tout paraît bon ! Il faut absolument, quand on monte, garder le souvenir de toutes les mauvaises impressions. Et, lorsque l'on regarde les rushes, il faut garder le souvenir de toutes les bonnes, en se disant que c'est cela qu'il faudra retrouver.

S.B. : Pour en revenir à ce problème de lecture du plan, peut-être est-ce qu'on trouve immédiatement ce qu'il y a d'essentiel, naturellement, à la première vision des rushes, mais qu'on le perd ensuite, quand on se met à regarder plus précisément. On oublie que, la première fois, on ne voyait que le comédien...

A.J. : La question, c'est toujours de savoir ce qui se passe d'intéressant dans une image. Cela ne veut pas dire que l'arrière-plan, le décor soient à négliger. Tout a son importance, puisque, inconsciemment, on voit tout. On regarde le comédien et on subit le reste. Mais il faut savoir faire la différence entre ce qu'on regarde et ce qu'on subit. Il y a une hiérarchie, et c'est cela qui permet d'établir un récit. Si tout avait la même importance, il n'y aurait plus de récit.

S.B. : Donc, et c'est un peu paradoxal, la difficulté, c'est de trouver ce qui est le plus visible. On dit qu'un montage réussi est un montage simple.

A.J. : La simplicité est ce qu'il y a de plus compliqué à retrouver. On dit aussi qu'on bon montage est un montage qui ne se voit pas. Là, je suis sceptique, très sceptique. Dans *Mon oncle d'Amérique* d'Alain Resnais, on ne peut pas dire que le montage ne se voit pas, mais il me semble qu'il ne prend jamais le pas sur la réalisation. En tout cas, il faut arriver à ce que tout soit clair, net et précis. Ce sont les personnages qui sont intéressants, mais cela veut dire que les problèmes d'espace, de respect des lieux et des déplacements sont très importants. Car l'espace et le temps ne peuvent pas être dissociés de notre expérience, de notre perception. Il ne faut pas que le spectateur se pose de fausses questions, c'est-à-dire des questions qui ne font pas avancer le récit, qui au contraire le retardent : «Où se trouve ce personnage ? Que fait-il ?» La discontinuité dans un lieu, dans une action, peut être voulue par le réalisateur, mais si elle est fortuite elle détourne de l'essentiel. Le plus léger flottement peut tout compromettre. Je me souviens d'une conversation que j'ai eue avec Pierre Arditi, qui s'étonnait que les réalisateurs laissent finalement leurs films entre les mains des monteurs ; c'est tellement important, tellement déterminant...

S.B. : *C'est vrai. Qu'est-ce que vous avez répondu ?*

A.J. : D'abord il n'est pas vrai que le film soit entièrement entre les mains du monteur ; le réalisateur participe. Ensuite le film est déjà là, dans le matériel fourni par le tournage, et le monteur n'a qu'à le découvrir. Arditi a alors employé une image qui me paraît belle et juste, il a dit que le réalisateur avait enterré son film, et que le monteur était là pour creuser, pour le mettre à jour. Et c'est comme ça, on ne peut pas faire autrement ; le réalisateur ne peut pas fournir un film au grand jour, tout fini, tout propre, tout net.
Et il vaut mieux aussi que ce ne soit pas la même personne qui ait enterré et qui se mette à creuser. Parce que celui qui enterre en garde une impression très vive, alors que celui qui découvre voit émerger quelque chose pour la première fois, quelque chose qui naît. Donc je dois faire confiance au réalisateur, pour croire qu'il a bien enterré là son film, que je peux y aller, que je peux me mettre à creuser. Et lui doit me faire confiance sur le fait que je saurai mettre à découvert ce qui doit l'être...

SUCCESSION DES PLANS

> « *Pour faire un film, il faut juxtaposer des masses d'impressions, des masses d'expressions, des masses de points de vue et, pourvu que rien ne soit monotone, nous devrions disposer d'une liberté totale.*»
>
> ALFRED HITCHCOCK

Dans son livre *The Art of the Film*, Ernest Lindgren raconte l'histoire suivante. Imaginons que je suis dans une rue, et que je vois un petit garçon ramasser une pierre et la lancer sur une fenêtre. Instinctivement, mon regard sera attiré vers la fenêtre dès que j'aurai compris que la pierre va l'atteindre. Ensuite, je regarde à nouveau le jeune garçon, pour voir ce qu'il va faire d'autre. Peut-être m'a-t-il vu et me fait-il une grimace. Puis il regarde plus loin, son expression change et il s'enfuit en courant. Je me retourne, et je découvre qu'un agent de police vient d'apparaître au coin de la rue. Karel Reisz, dont on ne peut que déplorer que le remarquable ouvrage *The Technique of Film Editing* ne soit toujours pas traduit en français, cite également cet exemple, et en fait une justification théorique du montage.

Le montage par plans successifs correspond en effet au processus de la perception naturelle, qui s'établit par la succession de moments d'attention. Nous construisons sans cesse, et inconsciemment, une vision globale à l'aide des données successives de notre vue. De même, la succession des plans d'un film est vécue par le spectateur comme la succession des moments d'une même perception. C'est donc le montage qui donne au spectateur l'illusion de la perception réelle. Même les changements de grosseurs de plan sont ainsi justifiés. Ils correspondent à un rapprochement ou à un éloignement instantanés de l'objet perçu, ce qui est physiquement impossible, mais reflète exactement la réalité de l'attention. Par exemple, dans l'histoire de Lindgren, il sera parfaitement justifié de montrer d'abord en plan général la rue dans laquelle joue le petit garçon, puis de passer à un plan rapproché du garnement dès que l'on s'intéresse à ce qu'il fabrique. Il ne s'agit pas d'autre chose, lorsque l'on mentionne la nécessité, au montage, de se «raconter une histoire». Il est bien évident que l'histoire en question ne diffère pas de celle que le réalisateur a choisi de porter à l'écran, mais elle en est la mise en forme la plus précise. Dans le récit d'Ernest Lindgren, on peut relever bien des options de montage. On pourrait, par exemple, décider de montrer le bris de la fenêtre avant que d'en découvrir l'auteur. On peut aussi, comme le suggère Lindgren, observer le garçon dans ses préparatifs. On peut encore voir en premier lieu le policier, dont la présence menacera l'ensemble de la séquence. Il est possible, d'autre part, que l'on ait le choix entre différentes grosseurs de plan, à condition, bien sûr, qu'elles aient été tournées. La fenêtre brisée, par exemple, sera montée en plan plus ou moins serré selon la volonté du réalisateur et la sensibilité du monteur, en fonction de l'importance que l'on voudra donner à cet événement.

Le principe de l'attention naturelle justifie donc la suppression des intermédiaires. Dans le cas évoqué précédemment, le regard qui va du petit garçon à la fenêtre ne connaîtrait, dans la vie, pas de coupure. On pourrait donc penser qu'il est indispensable de tourner un panoramique liant les deux objets de la vision. René Clément avait pour théorie, au contraire, qu'un mouvement panoramique de cette sorte n'avait aucune justification. En effet, dans la vie, lorsque l'on tourne la tête pour regarder un objet puis un autre, le trajet intermédiaire que fait le regard n'a aucune importance. On l'enregistre sans y faire attention et on l'oublie aussitôt, sauf si un nouvel objet vient l'interrompre. Au cinéma, en revanche, chaque image enregistrée prend de l'importance, ce qui justifie d'ailleurs la réflexion d'Alfred Hitchcock à propos de *La Corde* : le fait de se priver du montage l'a obligé à garder des images intermédiaires inutiles, qu'il n'aurait même pas tournées s'il avait découpé. Cette réserve ne s'applique évidemment pas à un panoramique qui suit un personnage en mouvement, car il se ramène alors à un plan fixe sur le personnage, seul le fond étant mobile. Clément poursuivait en disant que le seul panoramique qui serait réellement justifié serait celui qui parviendrait à suivre jusqu'à sa cible le trajet d'une balle sortant d'un canon de pistolet ! Dans *Ma vie et mes films*, Jean Renoir développe quant à lui une autre théorie : pour lui, un panoramique entre deux personnages, s'il comprend des images non signifiantes, permet cependant de montrer qu'il y a de l'espace entre les personnages. En fait, Clément et Renoir ne s'opposent pas sur ce point aussi radicalement qu'on pourrait, à première vue, le supposer. Ils disent l'un et l'autre que ce trajet que fait naturellement le regard prend dès qu'il est filmé une autre importance que celle que nous lui accordons dans la vie. Au cinéma, chaque mouvement prend un sens, et si Clément a raison de condamner un panoramique inutile, Renoir a raison également de lui donner une fonction qui tient non du mouvement en lui-même, mais de la construction générale du film, et du regard que le cinéaste pose sur chacun de ses personnages.

Loin de reproduire simplement le principe de l'attention naturelle, le montage et, dans le cas du panoramique, son absence y ajoutent donc un sens, une intention supplémentaire. S'il est sans doute vrai que le montage prend racine dans le processus psychologique de l'attention, il est également évident que les constructions auxquelles il se livre à partir de cette base lui permettent d'en «décoller» immédiatement. La plupart des films, en effet, dès les tout débuts du cinématographe, font intervenir un point de vue qui ne peut être celui d'aucun être humain. Par exemple, dans une conversation entre deux personnages, la présentation en champ/contre-champ ne représente, surtout s'il y a des «amorces», le point de vue d'aucun des deux protagonistes, ni même celui d'un observateur impartial. C'est tout simplement le point de vue du metteur en scène, c'est-à-dire le meilleur point de vue possible sur chaque période de la scène, justifié à la fois par la nécessité de mieux voir et par celle de mieux en comprendre les articulations dramatiques. Le spectateur, alors, est comme doué d'un don d'ubiquité, qui n'a évidemment pas d'équivalent dans l'expérience humaine. En faisant cette construction, détachée de toute expérience réelle, le réalisateur ne fait qu'exercer son droit élémentaire en tant qu'artiste : la création à travers une nouvelle mise en ordre du réel. Dans *L'Image-Mouvement*, Gilles Deleuze déclare : «Le montage est sans doute une construction du point de vue de l'œil humain, il cesse d'en être une du point de vue d'un autre œil, il est la pure vision d'un œil non humain, d'un œil qui serait dans les choses» (Éditions de Minuit, 1983).

Les quelques exemples que nous venons d'évoquer nous permettent également de traiter des problèmes plus précis du passage d'un plan à un autre, ce que l'on appelle le «raccord». On voit bien en effet à quel point le montage est lié au cadrage, c'est-à-dire aux grosseurs et aux axes des plans. Dans *The Technique of Film Editing*, Karel Reisz explore un cas de figure très simple, et particulièrement explicite. Nous nous bornerons donc à le reproduire ici. Un homme est assis, il se penche en avant pour attraper un verre sur la table devant lui, il le lève jusqu'à ses lèvres et boit. Admettons que, pour décrire cette action, nous disposions de trois plans qui, chacun, la contiennent dans son entier : un plan large, un plan moyen et un gros plan. Si l'on veut commencer par le plan large et passer ensuite au plan moyen, il sera préférable de faire le raccord au moment où, après s'être penché pour saisir le verre et avant qu'il le porte à ses lèvres, le personnage marque une légère pause dans son action. La coupe interviendra alors comme une ponctuation entre deux mouvements, qui apparaîtront chacun dans leur entier. S'il s'agit de passer du gros plan au plan moyen, on préférera utiliser le regard du personnage (parfaitement lisible à cette grosseur) qui marque son intention de saisir le verre, et passer au plan moyen pour la totalité de l'action. On évite ainsi d'interrompre fortuitement un mouvement continu, et on établit un rapport de causalité entre les deux plans. Si l'on doit, maintenant, monter le plan moyen puis le gros plan, le meilleur moment sera celui où la main du personnage va entrer dans le cadre du gros plan, créant ainsi une dynamique. On passe à un nouveau plan afin de mieux voir une action qui s'y déroule effectivement ; il serait absurde de monter le gros plan au moment où l'action (l'homme se penche en avant, il prend le verre sur la table) se produit hors champ.

Évidemment, ces indications ne sont en aucun cas à prendre au pied de la lettre comme des règles incontournables. Hitchcock donne d'ailleurs, dans un exemple proche de celui-ci, un conseil diamétralement opposé. Nous avons, disait-il à Truffaut, un plan de deux personnages attablés, dont l'un va se lever et faire un trajet qui sera pris en compte dans un autre plan. Il est préférable d'amorcer le mouvement du personnage qui se lève dans le premier plan, afin que l'on n'ait pas l'impression que l'on change de plan uniquement pour voir ce mouvement. Hitchcock préconise donc ici, contrairement à Reisz, d'interrompre par la coupe un mouvement continu. En fait, ces exemples sont théoriques ; dès que l'on entre dans le concret d'un plan, d'autres facteurs interviennent, qui détermineront d'autres réponses. Ils ont cependant le mérite de suggérer des directions de travail, d'indiquer à quel point les possibilités sont nombreuses pour faire intervenir une coupe, et de montrer que celle-ci doit dans tous les cas tenir compte du plan précédent et du plan suivant. On peut même dire que la coupe doit se faire en fonction des plans précédents et des plans suivants. En effet, ce que l'apparent antagonisme entre Reisz et Hitchcock nous montre également, c'est que les vraies questions, et les vraies solutions, sont de l'ordre du récit et non de la mécanique des mouvements, aussi bien comprise soit-elle. Il est par ailleurs recommandé d'être attentif, dès que l'on veut monter deux plans l'un derrière l'autre, à ce que leurs grosseurs et leurs axes soient suffisamment différents. Une trop grande similitude entre eux crée une gêne pour le spectateur, l'impression d'une «saute» de l'image, d'un «faux raccord». Dans tous les cas, l'effet est perturbant. Mais cette recommandation a surtout un fondement dramaturgique : tout changement de plan doit avoir une raison. Changer de point de vue pour voir approximativement la même chose est parfaitement injustifié.

Il est parfois intéressant de ne pas tout faire voir. On peut choisir, au montage, de placer une action «hors champ», c'est-à-dire une action qui se déroule entièrement dans le film, sans qu'elle soit montrée à l'image. Cette action existera cependant pour le spectateur, à condition que, d'une façon ou d'une autre, elle ait été établie. La plupart du temps, ce sera donc une partie seulement de l'action qui aura lieu en dehors de notre vision. Prenons deux exemples : dans *La Femme modèle* de Vincente Minnelli (*Designing Woman*), Lauren Bacall et Gregory Peck mangent des spaghettis avec beaucoup de sauce dans un restaurant italien très chic. Ils se disputent et, à un moment, Lauren Bacall excédée renverse d'une simple pichenette l'assiette de Gregory Peck. Celui-ci la reçoit sur ses genoux, qui nous sont dissimulés par la table de restaurant. Minnelli pouvait bien sûr monter un insert des spaghettis dégoulinant sur le pantalon de notre héros. Il a choisi au contraire de nous laisser supposer les dégâts occasionnés par l'assiette de pâtes, en nous faisant voir les réactions de Gregory Peck, de Lauren Bacall, du maître d'hôtel, des serveurs et des autres clients. Le poids des conventions sociales se fait sentir sur les visages artificiellement impassibles de tous ces gens. L'effet de l'action est ainsi décuplé, du fait que l'imagination du spectateur est directement sollicitée. Il profite de l'information supplémentaire que représentent les réactions des personnages, en même temps que, dans son esprit, se superpose l'image «sous-entendue» des spaghettis sur les genoux de l'infortuné Gregory Peck. Il faut cependant souligner que les plans de réaction utilisés ne sont pas des plans «de coupe», mais des plans qui font avancer le récit, en l'occurrence stimulent le rire.

Dans *Angel* d'Ernst Lubitsch, il y a une séquence où Marlène Dietrich et Melvyn Douglas sont assis sur un banc, dans un parc, la nuit. Ils s'aiment, mais Marlène Dietrich, qui a caché à son amant qu'elle était mariée, demande à celui-ci un délai de réflexion d'une semaine avant de partir avec lui. Une vieille marchande de violettes apparaît au détour d'une allée, et Melvyn Douglas va lui acheter un bouquet. La caméra le suit et reste sur la marchande, quand il quitte le champ pour rejoindre sa bien-aimée. La vieille femme, ravie du gros billet qu'il lui a donné, sort son porte-monnaie. Nous entendons alors Melvyn Douglas appeler : «Angel ! Angel !». Pas plus que le héros, nous n'avions pensé que Marlène profiterait de l'achat des violettes pour s'enfuir. La marchande suit d'un regard attristé les recherches «hors champ» de Melvyn Douglas, et nous imaginons ainsi le parcours de celui-ci, jusqu'au moment où la vieille femme, en baissant les yeux, nous avertit de son départ. Elle s'approche alors du banc délaissé, ramasse le bouquet de violettes désormais inutile, et c'est elle que nous voyons finalement s'éloigner, solitaire, à travers le parc. Le choix opéré ici par Lubitsch est remarquable dans la façon dont il insuffle, avec une grande simplicité, une nouvelle émotion à une situation conventionnelle. Nous avons d'abord suivi le héros, ce qui nous a permis d'éprouver la même surprise que lui, et le même sentiment d'abandon lorsque nous avons compris que l'héroïne s'était éclipsée pendant ce moment d'inattention. Puis c'est Melvyn Douglas que nous avons laissé partir, pour mieux l'imaginer, à travers le regard de la marchande de violettes, chercher desespérement son amie disparue. Et la compassion que nous lisons dans ce regard réunit pour nous dans la même tristesse la séparation des jeunes amants et la solitude de la vieille dame.

DIALOGUE (2)

> «*Si mettre en scène est un regard,
> monter est un battement de cœur.*»
>
> JEAN-LUC GODARD

S.B. : *Un des problèmes du montage est de trouver un rythme, ou plutôt : le rythme du film. On peut trouver un bon rythme, musical, mais qui ne soit pas celui du film.*

A.J. : Lorsque je commence à travailler sur un film, je monte le début des rushes sur un mauvais rythme, car je suis encore marqué par celui du film que je viens d'achever. Et cela quelle que soit la qualité des rushes que je découvre. Je dois me réadapter à la respiration du nouveau réalisateur, et aucun réalisateur n'a la même respiration. Cela se produit même si les deux films qui se suivent ont été tournés en plans-séquences, car pour moi tout se passe au changement de plan. Et il me faut un temps d'adaptation, même si j'ai déjà travaillé avec le metteur en scène, pour retrouver la respiration qui est la sienne. Je préfère parler de respiration plutôt que de rythme.

S.B. : *Quelle différence faites-vous entre les deux ?*

A.J. : La respiration est une pulsion qui est insufflée par le metteur en scène à tous ceux qui participent à la fabrication du film.

Chaque comédien, par exemple, pourra conserver son rythme propre, mais adapté à la respiration du réalisateur. Je continue à parler de respiration au montage, car le film pourra être rapide ou lent, et même comporter des changements de rythme ; dans tous les cas, il faudra que je retrouve au montage la respiration que le metteur en scène a insufflée au tournage.

S.B. : C'est le respect de ce que font les comédiens, la caméra...

A.J. : Le rapport entre les comédiens et la caméra : cela crée quelque chose de musical. C'est particulièrement sensible au son.

S.B. : Certains réalisateurs, au tournage, réécoutent les prises avec le casque de l'ingénieur du son, avant de déterminer lesquelles ils feront tirer. Ils ne sont sûrs de la qualité du jeu que lorsqu'ils l'écoutent ainsi.

A.J. : Nous avons vu tout à l'heure que l'on s'habituait progressivement à un mauvais raccord image, alors qu'au son ce n'est pas le cas : le mauvais raccord son ne passe jamais. Il faut donc se laisser guider par le son. Non seulement pour trouver un bon raccord entre deux plans, mais surtout pour trouver la respiration du film. Par exemple, un plan inanimé est souvent tourné muet, tout simplement parce que si rien ne bouge dans le plan, rien de ce qu'on y voit ne produit du bruit. Il est donc inutile d'enregistrer cette image avec une ambiance qui ne correspond pas au plan en lui-même. Mais, de la même façon, si rien ne bouge, il n'y a aucun élément de durée dans le plan. Le réalisateur tourne alors une longueur approximative, qu'il estime «suffisante», avec l'intention de déterminer au montage la durée appropriée. Si l'on essaie de monter ce plan muet tel quel à l'intérieur d'une séquence, aucun élément, pas plus qu'au tournage, ne nous indiquera où couper. Il faudra donc y adjoindre un son *off*, qui seul permettra de rythmer le plan. C'est peut-être à cause de cette prédominance du son quand il s'agit de rythmes qu'il est plus facile de «monter long». Un montage lent, où les paroles et les bruits sont bien espacés, paraîtra presque toujours bon. Alors que, dès que l'on rapproche des sons, il faut que ce soit très précis, que ce soit musical. Évidemment, un montage très lent, s'il paraît satisfaisant séquence par séquence, le sera rarement sur toute la durée du film. Il ne convient de monter ainsi que lorsque le réalisateur a effectivement une respiration longue. Les films de Dreyer, par exemple, nécessitent un montage lent. Si l'on s'avisait de les monter de la même façon qu'un film de Lubitsch, on percevrait tout de suite une discordance à chaque changement de plan : il y aurait une accélération artificielle du rythme de la parole. Le film de Theo Angelopoulos *Paysages dans le brouillard* a aussi une respiration très lente : les comédiens prennent le temps, et c'est fascinant... Trouver la respiration n'est pas simple du tout.

S.B. : Comment procédez-vous ?

A.J. : Quand je monte une séquence, je ne m'intéresse pas à sa place dans le film. Il faut que le résultat soit satisfaisant au point de vue du montage uniquement, pas encore dans l'économie du film. Il faut que, sur la Moritone, la séquence semble bonne en elle-même.

S.B. : Cela signifie quand même que cela tend vers un certain effet dramatique, vers un certain récit, que cela tient compte de l'ensemble du film...

A.J. : Non, cela ne tient compte que de ce qu'il y a dans les images. évidemment, je compte beaucoup sur le talent du metteur en scène, qui n'a pas tourné n'importe comment, qui, lui, a tenu compte de l'ensemble du récit. Je traite une séquence plan par plan avec les problèmes habituels : choix des *off*, clarté, rapidité, etc. Pour prendre l'exemple de *L'Effrontée* de Claude Miller, j'ai d'abord monté séparément la première séquence du film, qui est une séquence de piscine, et qui était très «couverte». Il y avait des plans sur Charlotte qui montait au plongeoir, des autres enfants qui l'encourageaient ou se moquaient d'elle, des plans des pieds nus, de l'eau de la piscine, du maître-nageur, etc. Tous ces plans n'étaient pas ordonnés à l'avance, sauf la progression vers le plongeon, qui était forcément l'aboutissement de la séquence. Il était donc très difficile de savoir a priori l'importance que la séquence devait prendre dans le film. A ce stade du travail, j'ai donc conservé une certaine abondance. Pour cette raison, il est intéressant de commencer le montage pendant le tournage, afin d'avoir le temps de la réflexion pendant que le réalisateur n'est pas encore dans la salle. Ensuite, je réunis deux séquences montées séparément, cela prend une autre allure. Certaines choses, manifestement, ne vont pas, je les modifie. Pour continuer sur L'*Effrontée*, l'idée nous est venue à un moment de remplacer le fond de générique initialement prévu par un plan très long de bateaux à moteur. Ce plan était un «double» d'une autre séquence, dans laquelle il était monté différemment. L'image des bateaux avait l'avantage d'être très dynamique, et de préfigurer un peu l'univers de riches qui allait faire rêver Charlotte. Dès que le nouveau générique a été mis en place, je me suis rendu compte qu'il fallait réduire cette séquence de piscine, qui venait juste à la suite. En effet, le générique tenait lieu en quelque sorte d'exposition, et on ressentait le besoin de rentrer plus rapidement dans le récit. Cela nous a amenés à raccourcir ou même à supprimer certains plans. Le plan des pieds nus sur le plongeoir, par exemple, est devenu extrêmement court, et les enfants qui se moquent de Charlotte ne sont présents désormais que par leurs voix *off*. Progressivement, le puzzle se met en place. Je ne vois jamais le film dans sa continuité, c'est une condition. Sinon, je suis foutu : je n'apprécierais plus rien. Je visionne les bobines dans le désordre, jusqu'à ce que le réalisateur vienne découvrir le premier montage avec moi. A ce stade, je n'ai plus en principe à m'inquiéter des rapports de plan à plan, puisque cela a été fait avant, mais j'observe les rapports de séquence à séquence, je m'inquiète de la continuité du film. Dans L'*Effrontée* toujours, un peu plus tard dans le film, il y a une séquence de concert auquel Charlotte assiste. Une fois cette séquence montée, que je trouvais très satisfaisante en elle-même, nous l'avons réunie aux autres, et il nous est apparu que l'on pouvait passer beaucoup plus rapidement de la fin de celle-ci au début de la suivante. Initialement, on voyait la fin du concert, tout le public de lycéens partait, sauf Charlotte qui restait assise, bouleversée. Puis la séquence suivante montrait le retour de Charlotte chez elle, avant qu'on la retrouve dans sa chambre. Quand nous avons vu le film dans la continuité, nous avons donc décidé de couper la fin du concert et le retour de Charlotte, et nous avons laissé la musique courir sur la suite des images. Le concert se termine maintenant de cette façon : un plan de Charlotte qui regarde le programme posé à côté d'elle, un plan du programme, et un dernier plan de Charlotte qui reporte son regard fasciné vers la pianiste. Puis nous passons de nouveau sur le programme. Un mouvement panoramique nous révèle qu'il repose cette fois aux pieds de Charlotte allongée sur son lit. Cette coupe a plusieurs avantages : d'un côté, elle permet une certaine concision dans le récit. D'un autre, elle insiste sur l'émotion, avec l'usage de la musique qui fait la transition d'une séquence à l'autre. Enfin, elle permet un effet de montage intéressant, car nous ne découvrons qu'au deuxième plan de la deuxième séquence, quand le frère de Charlotte fait irruption dans la chambre de celle-ci, que nous avons changé de lieu. C'est en voyant le film comme un simple spectateur que l'on peut sentir les moments de lassitude, les moments où l'on décroche... Je spécule sur des idées de construction, des déplacements, des inversions. Souvent, on a le sentiment que le récit piétine, que ça n'avance plus, qu'il y a des redites, et cela ne provient pas du tournage, mais simplement du fait que les morceaux ne sont pas en place. La sensation d'une longueur n'apparaît d'ailleurs pas toujours au moment même où cette longueur existe. Souvent, le symptôme est différé et, lorsque l'on commence à s'ennuyer, il faut toujours chercher si la cause n'en réside pas dans une partie précédente du film. On peut aussi avoir un sentiment de longueur en voyant une séquence isolée, et qu'à l'inverse elle passe très bien dans la continuité. A partir de ce moment-là, c'est un autre travail qui commence, car on spécule sur le film entier. Mais il faut toujours essayer vraiment chaque idée, on ne peut jamais être sûr qu'elle soit bonne avant de l'avoir mise à l'épreuve. C'est ce que je disais à Claude, dans le train qui nous ramenait de Bruxelles, à propos de *Mortelle Randonnée*.

«MORTELLE RANDONNÉE»

«Je ne suis pas entêté.»
CLAUDE MILLER

Quand j'ai lu le scénario de *Mortelle Randonnée*, j'ai été complètement emballé. Je l'ai lu comme un roman. Je me souviens que toutes les personnes concernées par la production du film avaient une confiance totale dans ce récit. D'ordinaire, la lecture d'un scénario est beaucoup plus ingrate, mais là c'était vraiment un travail littéraire abouti, et en tant que tel il n'y avait rien à ajouter ni à retrancher. Le scénario et les dialogues étaient d'ailleurs de Michel Audiard.

Miller est parti tourner. Comme c'était un film qui se déroulait à travers toute l'Europe, il y avait un plan de travail qui prévoyait précisément les déplacements de toute l'équipe. L'exigence dont fait preuve Claude dans son travail, la complexité de la mise en scène, la présence de comédiens aussi importants que Serrault et Adjani, à quoi s'ajoutèrent quelques accidents météorologiques ou autres, ont fait éclater ce plan de travail. Dans un tournage de cette sorte, le moindre contretemps a des répercussions multiples. Ainsi les dates étaient retenues à Rome, à Bruxelles, à Baden-Baden, à Biarritz, à Paris, dans le nord et le midi de la France et, dans chacun de ces lieux, certains plans qui étaient prévus n'ont pas pu être tournés.

Le montage ayant commencé, comme c'est l'usage, dès le début du tournage, je me suis trouvé à la tête de séquences incomplètes, que j'ai montées telles quelles, sans tenir compte des plans manquants. Faisant cela, je trouvais finalement que ce n'était pas si mal. Le récit se tenait parfaitement, avec une certaine concision qui était intéressante. Il y avait des séquences qui ne se terminaient pas, d'autres qui n'avaient même pas été tournées, ce qui créait justement une diversité, des surprises, dans la construction du film. Cela avait un côté moins écrit, mais au point de vue cinématographique, c'était parfaitement abouti, avec ce que j'aime particulièrement : une absence de «ronron», une façon complètement stupéfiante de passer d'une séquence à l'autre. En plus, la durée totale du film ainsi monté était la durée normale d'un film pour l'exploitation. Il y avait peut-être des choses qui manquaient sur les personnages, mais la plupart des scènes avaient leur cohérence. Par exemple, le meurtre du fils Hugo, les fiançailles avec le fils Meyerganz, ces deux séquences étaient suffisamment claires et équilibrées pour ne pas nécessiter un complément de tournage. Peut-être aurait-il fallu prendre le temps d'arrêter de filmer et décider exactement ce qui était nécessaire pour la conduite du récit.

Quelle ne fut pas ma surprise au contraire de voir Miller partir faire pour la deuxième fois son tour d'Europe, afin de terminer son film dans une complète fidélité au scénario ! J'ai donc ajouté au montage existant tout ce qui me parvenait, et je me suis retrouvé devant un film copieux, indigeste, qui me faisait l'effet d'un repas beaucoup trop riche : tout était beau et bon, mais il y avait trop de tout, et finalement on s'en foutait un peu... Naturellement, cette deuxième expédition avait allongé le temps de tournage et gonflé le budget, ce qui plaçait Miller dans une situation délicate. Il n'avait plus, à mon avis, suffisamment d'indépendance d'esprit pour juger librement de ce qui était le mieux pour le film. Une sorte de mauvaise conscience, par rapport à la production, altérait chez lui toute idée novatrice. Quant à moi, les problèmes de tournage et les questions d'argent dépensé ne me concernant pas, ma position était naturellement tout à fait différente, et j'avais envie de solutions radicales. Au cours d'un voyage en train, nous nous sommes donc opposés, Claude et moi, sur le montage du film. Comme je n'ai pas réussi à le convaincre, et que j'ai pour principe de respecter la volonté du réalisateur pour tout ce qui concerne son film et de ne jamais tenter de me substituer à lui, le montage définitif est resté tel qu'il le voulait. Les impératifs de production et d'exploitation ont ainsi été respectés, et le film est sorti, mais dans quel état !

Quelque temps plus tard, comme j'avais à cœur de mettre à l'épreuve les idées qui m'étaient venues sur ce montage et que je n'avais pas eu l'occasion de vérifier, je demandai à Claude et à la production l'autorisation de procéder à un remontage du film. Jamais auparavant je n'avais eu la tentation de retravailler complètement un film de mon côté. Mais ce film-là avait la particularité d'être à la fois bien écrit, bien joué, bien mis en scène, bien décoré, bien éclairé, etc., et mal monté ! Je ne sais pas si j'aurai un jour l'occasion et l'envie de faire à nouveau une expérience de cette sorte, mais il m'a semblé alors, dans ce cas, qu'elle était indispensable. Comme à cette époque j'étais à Bruxelles, où j'enseignais à l'I.N.S.A.S., j'ai apporté le film sur place et j'ai proposé aux étudiants d'y travailler avec moi. Nous n'avions qu'une copie, donc naturellement pas de chutes, et nous n'avons procédé qu'à des coupes et à des inversions. Ce n'étaient pas des modifications de détail ; nous ne nous occupions pas, par exemple, des raccords à l'intérieur des séquences, mais uniquement de la construction générale. Au point de vue sonore, nous nous sommes contentés de couper dans le mixage, ce qui évidemment créait une certaine contrainte, à cause des musiques en particulier. Une fois cette nouvelle version achevée, qui réduisait le film d'environ un quart d'heure, je l'ai montrée à Claude. Il a été, cette fois, entièrement convaincu de la nécessité d'une structure différente et, en tout cas, plus courte. Mais, le film ayant déjà eu une exploitation commerciale, il n'était pas question de modifier la version première.

L'histoire ne s'arrête pas là. Pendant que nous finissions, Claude et moi, le montage de *La Petite Voleuse*, Canal+ s'est porté acquéreur de *Mortelle Randonnée*, à condition que le film soit sensiblement plus court. Je me suis donc remis au travail, avec cette fois la participation active de Claude et celle des étudiants du département scénario de la première promotion de la F.E.M.I.S. Cette troisième version est encore différente de la version bruxelloise et illustre bien ce principe empirique qui veut que chaque fois que l'on se met à chercher, on trouve quelque chose d'autre. Elle est enfin entièrement satisfaisante à la fois pour Claude et pour moi. J'avais fait transférer les différentes pistes du mixage sur des bandes magnétiques séparées, afin d'avoir une plus grande liberté dans la construction du film. La durée totale a ainsi été ramenée de deux heures cinq minutes à une heure quarante-cinq minutes, soit vingt minutes de moins. De 1982 à 1989, il aura donc fallu sept ans pour effectuer un montage définitif de *Mortelle Randonnée*. Les jeunes monteurs pourront donc mesurer à quel point il est inutile d'être trop pressé !

La plupart des coupes ont été faites dans le but de raccourcir le film. On peut cependant distinguer les «petites coupes», qui ne concernent que des raccourcis, des rapidités dans le passage d'une séquence à une autre, et les «grandes coupes», qui vont parfois jusqu'à la suppression complète d'une séquence. Celles-ci ont des répercussions sur le récit tout entier, voire sur la psychologie des personnages. Dans cette dernière catégorie, on trouve la séquence du départ de Catherine (Isabelle Adjani) de Baden-Baden, après le meurtre de Cora (la «gouine» qui avait «séduit» Catherine). Cette séquence a été entièrement supprimée, et l'on retrouve à présent Catherine qui arrive directement à son hôtel de Bruxelles, suivie par «L'Œil» (Michel Serrault). Dans la version première, les événements se passaient ainsi, après le meurtre : Catherine montait dans la voiture de Jerry (un play-boy qui l'avait draguée). L'Œil, pressé par la peur de perdre leur trace, volait une voiture pour les poursuivre. Sur la route, il découvrait le corps de Jerry tué par Catherine, et entreprenait de cacher le cadavre. Ce qui était important dans cette séquence, c'était la nouvelle étape de l'implication progressive de L'Œil dans les crimes de Catherine. Il avait déjà débarrassé celle-ci d'un cadavre, celui du fils Meyerganz. Il se chargeait maintenant de Jerry, mais abandonnait cette fois toute prudence en volant une voiture sous les yeux de tous. Cette indication était renforcée par le fait qu'on le voyait partir avec le coffre de la voiture grand ouvert, contenant encore les saucisses qui devaient être livrées à l'hôtel. Se priver de cet épisode était donc un inconvénient. D'autre part, lors de la conversation entre L'Œil et Forbs (le fiancé aveugle de Catherine), juste avant la mort de ce dernier, il est fait allusion au meurtre de Jerry. Nous avons pensé, Claude et moi, que cette légère incohérence n'était pas grave, étant donné que l'on pouvait prêter à Catherine d'autres crimes «hors récit». De plus, Jerry étant un personnage très secondaire, son meurtre paraissait plus insignifiant, venant après celui de Cora, très fort au point de vue émotionnel. Ici, les gains réalisés par la coupe : rapidité, force du récit, primaient sur les pertes : progression de l'implication de L'Œil et cohérence.

Une autre coupe qui a une répercussion considérable sur la compréhension du récit et des personnages est celle du motel. Après que Catherine et L'Œil ont forcé un barrage de police, il y avait dans la première version une séquence de nuit dans un motel. On voyait dans les chambres un poste de télé, où un journaliste annonçait que Catherine était identifiée comme l'auteur des meurtres. Catherine cassait son téléviseur et sortait dans le couloir du motel, armée d'un fusil. On retrouvait alors L'Œil dans sa chambre. Il écoutait à travers sa porte la voix de Catherine/Marie l'appeler «Papa» et le supplier de lui ouvrir. Lorsque la voix s'était tue, L'Œil sortait dans le couloir. Catherine lui tirait dessus, le manquant de peu, avant de sauter à nouveau dans sa voiture. L'Œil la suivait, et la poursuite recommençait jusqu'à Charleville. La suppression de cette séquence du motel dans son entier ne répondait pas uniquement à un souci de rapidité. Elle correspondait également à l'abandon d'une équivoque possible sur la réalité de la filiation entre L'Œil et Catherine. A la réflexion, Miller avait pensé qu'il ne fallait pas insister sur cette ambiguïté trop ambiguë. Dans une même perspective de simplification du récit, le plan de la tombe de Marie à la toute fin du film a également été coupé. Il y avait un risque de confusion, puisque cette séquence se situait juste après la mort de Catherine. Un spectateur inattentif pouvait en déduire que cette tombe était celle de Catherine. Une fois ce plan retiré, le cimetière dans lequel se promènent L'Œil et son ex-femme peut passer pour un simple parc.

Si j'avais proposé à Claude des solutions aussi radicales au moment du premier montage, il les aurait sans doute écartées. Se défaire du plan qui ouvrait la séquence du motel était vraiment un crève-cœur. Le travelling glissait le long du motel de nuit, découvrant dans chacune des chambres un client différent qui regardait le même journal télévisé. C'était un plan très complexe, d'une grande beauté, qui avait représenté un travail considérable, et coûté bien sûr beaucoup d'argent. Cependant, un dernier aspect de cette coupe, qui plaidait en sa faveur, était l'élégance du nouveau passage entre le barrage forcé et l'arrivée à Charleville. On passe à présent d'une séquence de nuit en voiture à une séquence de jour en voiture, et cette dernière séquence commence par un panoramique sur un mur noir, qui débouche dans la clarté d'une rue de Charleville au petit matin. Du noir au noir, on ne découvre donc qu'à la fin du mouvement de caméra que l'on a changé de lieu, de jour et de séquence.

Naturellement, les coupes amènent des disparitions de jeux d'acteurs émouvants ou drôles, savoureux en tout cas, qu'il faut parfois sacrifier à la fluidité du récit. Ainsi, à Baden-Baden, quand Cora propose à Catherine de coucher avec elle, L'Œil tombait tout habillé dans la piscine. Ce gag se prolongeait dans la séquence suivante, lorsque L'Œil demandait au réceptionniste de l'hôtel une chambre avec douche. De même, toute la séquence précédant l'attaque de la banque par Catherine et Betty (la jeune auto-stoppeuse) a été supprimée, bien qu'elle comprenne une remarque amusante de L'Œil à propos des masques des deux femmes. Il nous a semblé préférable pour la conduite du récit d'aller plus vite et de se passer de ces moments : on ne peut pas faire dépendre toute une séquence d'une seule réplique... même drôle.

Fort heureusement, une bonne partie des coupes qui ont été effectuées ne retiraient rien à la compréhension des personnages, ni à l'humour du film. Les citer toutes serait fastidieux, mais on peut relever la suppression de l'institut Shakespeare, celle de la sortie de la gare de Rome. Certaines de ces coupes représentent même, par rapport à la première version, une amélioration sensible sur le plan du montage. Quand L'Œil fait une deuxième visite à la villa Forbs, toute la partie qui se déroulait dans les salons du rez-de-chaussée a été supprimée. On entendait sur un électrophone *Hamlet* déclamé en anglais, puis L'Œil faisait jouer *La Paloma* en allemand, interprétée par Hans Albert. Tout *Hamlet* a donc été coupé, mais *La Paloma*, elle, est restée *off* sur l'investigation de la chambre à coucher par L'Œil. Cette solution n'est pas seulement plus rapide, elle est aussi plus mystérieuse, plus inquiétante. Le passage du vernissage dans la galerie d'art à la promenade de Catherine et Forbs précédés de L'Œil dans la galerie couverte a été lui aussi franchement amélioré. Le départ de Catherine de l'exposition de peinture a été coupé. Cette séquence se termine maintenant par un plan de L'Œil, qui regarde fixement quelque chose ou quelqu'un. La séquence suivante, dans la galerie couverte, commence alors par un plan de télévision. Nous avons donc l'impression que ces deux plans sont reliés par le regard de L'Œil sur le téléviseur. Un panoramique nous ramène d'ailleurs à L'Œil, qui regarde effectivement la télé. Mais il a quitté le vernissage, et c'est dans la galerie couverte, dans la séquence suivante, qu'il s'est arrêté devant le poste. Ce raccourci est d'autant plus intéressant que toute la séquence du vernissage est construite sur des échanges de regards. Miller est particulièrement doué pour diriger et filmer les regards avec une grande netteté, une parfaite lisibilité.

Il est une dernière catégorie de coupes, qui ne concernent plus la rapidité, mais la qualité. C'est, par exemple, la suppression de l'inscription au dos de la photo de classe : *Elle est là, ta conne de fille, essaie de la reconnaître*, écrite de la main de l'ex-femme de L'Œil. Cette coupe correspond uniquement à un souci de ne pas donner sur un personnage qu'on ne découvre qu'à la toute fin du film une indication inutilement antipathique. D'autre part, sur le personnage de Betty, il nous est aussi apparu qu'étant donné le rôle secondaire qui lui était dévolu il n'était pas nécessaire de lui faire raconter sa vie, d'ailleurs sordide ! Ce qui nous intéressait le plus était les rapports entre L'Œil et Catherine, et Betty n'avait d'intérêt que dans la mesure où elle venait s'interposer entre eux. Nous avons donc coupé le récit de Betty dans la voiture, en ne conservant que l'allusion aux «yeux qui regardent à travers les trous des murs». Enfin, dans cette même séquence, nous avons aussi procédé à une inversion du cri de Catherine et de la réplique de L'Œil : «Forbs est mort accidentellement.» Cette modification n'est pas une coupe, mais une simple amélioration. Elle a le double avantage de justifier le cri de Catherine dans la nuit et de permettre une meilleure transition au jour suivant : le passage se fait maintenant de la mer de nuit à la mer à l'aube.

Pour finir, on peut mentionner que nous avons supprimé, chaque fois qu'il était possible, toutes les voix intérieures de L'Œil qui étaient redondantes par rapport à l'image. Par exemple, il y avait une de ces voix à la fin de l'attaque de la banque, au moment où L'Œil découvre que c'est Betty et non Catherine qui a été tuée. On entendait : «Marie, ne fais plus jamais ça, tu finirais par me briser le cœur.» Le regard de L'Œil était assez explicite, et bien plus émouvant dans le silence.

Naturellement, quand on en arrive à des coupes aussi importantes au montage, on est amené à faire des sacrifices. Dans l'idéal, ce travail devrait être accompli sur le scénario, de façon que les éléments les plus intéressants des scènes coupées puissent être transférés dans d'autres séquences. Il est plus facile et moins douloureux de rayer une ligne que de mettre un plan au panier. Pour *Mortelle Randonnée*, contrairement à la pratique des deux versions qui se répand de plus en plus, c'est donc la version télévisée qui est la version courte, tandis que la version longue demeure pour le cinéma. Ce n'est pas là le résultat d'une démarche concertée, mais le seul effet du hasard, qui a voulu que l'on puisse effectuer pour la télévision ce qui avait été envisagé bien avant que celle-ci se porte acquéreur du film. A ce propos, nous attendons toujours des explications de la part de ceux qui commandent ou réalisent deux versions différentes d'un même film : une pour le cinéma et une pour la télévision. Lequel des deux publics traite-t-on avec mépris ?

LES ELLIPSES

« Le cinéma utilise le langage du rêve. »
FEDERICO FELLINI

Avant de travailler sur la durée totale des films, il faut examiner dans le détail l'organisation des durées de plan à plan. Il est sans doute plus facile de comprimer une action dès que l'on peut en proposer une autre. Reprenons l'exemple de l'assassin qui verse du poison dans une tasse. Si l'on choisit de montrer l'arrivée du visiteur qui le surprend, on peut «ellipser» toute une partie des préparatifs du meurtrier, à condition que l'on garde le geste ou le début de geste qui permettra de comprendre l'action.

Nous verrons donc l'action de l'assassin jusqu'au moment où il commence à verser le poison. Puis nous passerons sur l'entrée du visiteur, que nous garderons jusqu'au moment où il pose la main sur l'épaule du meurtrier. Si nous avons laissé celui-ci quand il commence à verser et que nous le retrouvons en train de remettre le flacon dans sa poche, nous admettrons que le poison a bien été versé.

Nous avons donc ellipsé les actions suivantes : le meurtrier finit de verser le poison, y ajoute du café, mélange le tout, repose la tasse et rebouche le flacon de poison. Ces actions peuvent représenter environ dix secondes. Elles ont été remplacées par l'arrivée du visiteur importun qui, elle, n'a pris que trois secondes.

Le spectateur admet cependant que ces deux actions, dont l'une n'est que sous-entendue, sont équivalentes dans le temps. Ce type d'ellipse est une des figures les plus caractéristiques de l'expression cinématographique et n'est, dans la plupart des cas, même pas perçue comme telle par le spectateur. Celui-ci ne remarque que les deux actions simultanées, sans se soucier réellement des disparités de durée. C'est dire à quel point ces variations de temps, ou des temps du récit, sont inhérentes au langage cinématographique.

Il est cependant un type d'ellipses qui non seulement apparaissent immédiatement comme telles, mais sont de plus directement visualisées par un certain nombre de procédés. Il a longtemps été d'usage d'avoir systématiquement recours à des trucages pour signifier le passage du temps : fermetures et ouvertures à l'iris, volets, fondus enchaînés, fermetures et ouvertures en fondus, etc. Tous ces effets étaient déterminés au montage et réalisés en laboratoire. Le temps ainsi représenté pouvait être plus ou moins long. Il y avait un code très établi. Par exemple, l'enchaîné se pratique généralement pour un laps de temps assez court, et le fondu correspond à un intervalle beaucoup plus long. L'enchaîné peut aussi signifier une continuité entre deux actions, alors que le fondu marque plutôt la rupture. Quant à leur usage actuel, c'est uniquement une question de style: « Ah! les enchaînés... », s'exclamait Resnais en réponse à Michel Delahaye qui l'interrogeait sur *Hiroshima mon amour*, «ce qui est curieux, c'est qu'auparavant jamais je n'en faisais. Je n'en voulais pas, ni d'aucun trucage. C'était même une de mes fiertés, et puis dans ce film, par contre... C'est que j'ai très peur des règles. Je ne veux pas m'enfermer dans des règles. Je pense aussi que rien n'est périmé et qu'il est absurde de dire : cela a été fait par untel à telle époque, donc cela ne doit plus se faire. Si, demain, on veut faire des fermetures à l'iris ou faire apparaître par surimpression un personnage dans le coin de l'image, on en aura parfaitement le droit» (*Cinéma 59* n° 38, juillet 1959).

Indépendamment de ces trucages, le monteur peut organiser les passages de temps et les changements de lieu à l'aide d'images emblématiques : la pendule dont l'aiguille saute d'une heure à l'autre, le calendrier dont les feuilles s'envolent, les mois, les années qui viennent s'inscrire sur l'écran, d'une part ; les trains, les avions, les poteaux indicateurs, les plans «carte postale», de l'autre. Évidemment, la plupart de ces images doivent avoir été fournies au monteur, ou demandées par lui, pour qu'il puisse en faire usage. Mais il n'en reste pas moins que leur organisation et le choix des éléments qui leur feront prendre sens (inscriptions, musiques, voix *off*, etc.) relèvent entièrement du montage. Tous ces procédés ne sont pas à proprement parler des ellipses, mais des passages de temps et de lieux visualisés. La plupart d'entre eux ont tellement servi qu'ils sont devenus autant de clichés. Ils sont révélateurs de l'embarras dans lequel se trouvait un cinéma qui se refusait à lui-même le droit de passer simplement et sans prévenir d'un moment à l'autre, d'une époque à l'autre, d'un lieu à l'autre.

Avec l'apparition de la Nouvelle Vague, certains cinéastes ont bouleversé ces conventions. Ils ont décidé que l'on pouvait couper où l'on voulait, tant que la cohérence émotionnelle était maintenue. Ainsi, ils ont revalorisé d'une certaine façon le montage : en lui octroyant plus de liberté, ils lui ont confié un travail plus important et plus inventif. Par exemple, le style adopté par François Truffaut dans *Les Quatre Cents Coups*, beaucoup plus proche du reportage que du cinéma de fiction traditionnel (par opposition à un film comme *Chiens perdus sans collier* de Delannoy, qui utilise également des enfants), cette façon de mettre en scène plus libre, moins «installée», a débouché sur un style de montage entièrement neuf. Marie-Josèphe Yoyotte, la monteuse du film, a pu en particulier, dans la séquence de l'interrogatoire du jeune Jean-Pierre Léaud, couper tous les plans sur la psychologue pour ne monter, plan sur plan, que les réponses du garçon.

Étonnamment, les spectateurs ont suivi, acceptant comme une évidence cette nouvelle «grammaire» cinématographique, qui renonçait à toute la codification tenue jusqu'alors pour indispensable. Et la force de cette «vague» fut telle que, désormais, aucun film ne pourra plus être monté comme avant. Jean-Luc Godard avec *A bout de souffle* et Alain Resnais avec *Hiroshima mon amour* sont les deux cinéastes qui ont véritablement institué les nouvelles règles de l'expression cinématographique. Le lecteur qui ne connaîtrait pas ces films peut donc courir les voir avant de poursuivre la lecture de cet ouvrage. Commenter toutes les innovations qu'ils recèlent n'est pas notre propos, mais il est important d'insister sur les libertés qu'ils ont introduites. *A bout de souffle* rompait complètement avec les lois traditionnelles de la description d'une action continue. Au début du film, la poursuite entre la voiture conduite par Jean-Paul Belmondo et la moto du policier opère continuellement des transgressions d'axe. Habituellement, on considère que, si un déplacement linéaire est filmé dans un premier plan comme allant de gauche à droite, il faut obligatoirement respecter cette direction dans les plans suivants, sous peine de laisser croire au spectateur que l'objet qui se déplace a fait demi-tour. Godard, lui, filme sa poursuite tantôt de gauche à droite, tantôt de droite à gauche. D'un plan sur l'autre, la moto semble tout d'un coup plus près ou plus loin de la voiture... L'intelligence de la monteuse, Cécile Decugis, a été de comprendre immédiatement à quel point ces transgressions de toutes les règles classiques étaient le point de départ d'un nouveau langage de la mise en scène et, par là même, du montage. Quand Belmondo tire sur le motard, le montage utilise plusieurs gros plans : le visage de l'acteur, sa main, le barillet du revolver qui tourne, mais ne montre pas le moment de l'impact. Chaque plan est une totale surprise par rapport au précédent, et ce style de montage, curieusement, donne au spectateur un plaisir supérieur à celui qui résulte de l'attente satisfaite. Faisant cela, Godard a mis l'accent sur le caractère conventionnel de la «grammaire» classique, mais il a surtout incité le spectateur à se concentrer sur l'aspect purement émotionnel des relations entre ses personnages.

Avec *Hiroshima mon amour*, Resnais continue, après ses courts métrages, d'investir son terrain d'expérimentation privilégié : la mémoire. La dissociation des images et des sons relie les expériences vécues à Nevers et à Hiroshima par-delà les distances spatiales et temporelles. «Il est d'ailleurs impossible d'envisager le film dans sa chronologie, avec un présent serti tout le long de retours en arrière, ou un passé ourlé de retours en avant, comme on voudra», écrit Robert Benayoun (*Alain Resnais arpenteur de l'imaginaire*, Stock, 1980). Il n'est peut-être pas indifférent de noter que les deux cinéastes en question sont aussi des monteurs, de formation pour Resnais, de vocation en quelque sorte pour Godard. Ce qui a été changé avec eux, ce sont justement des procédés de montage, même s'ils supposent un tournage qui les prévoie. Avant Godard et Resnais, il y avait eu, bien sûr, des signes avant-coureurs de cette soudaine liberté des ellipses (Guitry avec *Mon père avait raison*, Clément avec *Barrage contre le Pacifique*, et bien d'autres encore), mais la règle générale était un respect absolu de la continuité de chaque action. Si par exemple on voyait un personnage franchir une porte d'un côté, il était de rigueur que, de l'autre côté, il la referme consciencieusement avant de poursuivre. De nos jours, on passe d'un lieu à un autre sans même l'intermédiaire d'une porte ! Est-ce une ellipse ? Le spectateur, lui, la perçoit plutôt comme une rapidité de la narration, qui lui semble aller de soi.

Les seules ellipses qui apparaissent clairement comme telles sont celles qui correspondent à des articulations de récit. *Je t'aime je t'aime* d'Alain Resnais est un film qui raconte un voyage dans le temps, et qui est donc entièrement cousu d'ellipses. C'est un va-et-vient entre le passé, le futur et le présent, dans un apparent désordre. Resnais avait adopté comme principe de construction que seules les séquences au présent feraient l'objet d'une fragmentation en plusieurs plans, alors que celles au passé et au futur seraient toujours des plans-séquences. Ces deux dernières périodes impliquaient également à chaque fois la présence de Claude Rich, car il s'agissait du passé et du futur de celui-ci, tandis que le présent ne représentait pas forcément le point de vue du personnage. Ainsi, comme l'écrit Robert Benayoun, «*Je t'aime je t'aime* est une sinécure de monteur, un film où le montage devient outil philosophique, manipulation dialectique de tout premier degré» (*op. cit.*). En effet, le tournage avait été effectué à partir du découpage très précis établi par Resnais, mais le principe même du film supposait qu'on puisse à volonté modifier au montage l'ordre des séquences, ou utiliser plusieurs fois le même plan monté différemment. Par conséquent, «le film diffère totalement du scénario original dans la succession des plans. On modifie l'ordre des séquences comme on bat un jeu de cartes» (*op. cit.*). On aurait pu monter pendant des années, intervertir des séquences à l'infini. Nous avons décidé de nous arrêter quand nous avons trouvé une version qui nous satisfaisait.

Le fait de n'avoir plus besoin d'annoncer une ellipse à grands renforts de fondus, volets et autres plans de calendriers offre donc une plus grande liberté au montage, qui peut organiser les passages de temps et de lieux presque indépendamment du scénario d'origine. Beaucoup d'ellipses, en effet, ne sont créées qu'au montage. Dans *L'Œuvre au noir* d'André Delvaux, il y avait une séquence qui, placée à l'endroit prévu dans le scénario, semblait sans force. C'était la mort de Philippe Léotard dans la campagne italienne, près de Sienne. Petit à petit, la pluie commençait à tomber, et il mourait, à la fin de la séquence, sous une pluie battante. D'autre part, il y avait au début du film toute une scène dans une calèche, avec Gian Maria Volonté et Sami Frey. Cette scène était composée de deux parties qui représentaient deux étapes du voyage : la première dans la campagne flamande sans pluie, et la seconde l'arrivée à Bruges sous une pluie battante. La construction générale du film n'étant pas satisfaisante, il fallait trouver une solution. Il a donc été procédé à un déplacement de la séquence de la mort de Léotard. Une association d'idées, basée sur la présence de la pluie, a permis de lui trouver une place qui recrée une nouvelle continuité. Le montage se présente maintenant comme suit :

1. Première séquence de calèche avec Gian Maria Volonté et Sami Frey dans la campagne flamande, sans pluie.

2. Séquence de la mort de Léotard dans la campagne italienne. La pluie commence et grossit.

3. Deuxième séquence de calèche. Arrivée à Bruges. La pluie est battante, puis décroît et cesse.

Cette nouvelle construction n'obéit pas à la stricte logique de la chronologie du récit, mais elle suit une logique plus concrète : celle de la naissance, de la progression et de la fin de la pluie. Nous avons fait une ellipse et, de cette ellipse, nous avons créé une nouvelle continuité, uniquement formée d'éléments visuels et sonores.

Il faut au montage, comme au tournage, avoir sans cesse l'oreille à l'écoute et l'œil aux aguets pour observer tout ce qui se passe, tout ce qui se présente, et sauter dessus si cela peut entrer dans le film. C'est aussi ce qui avait guidé le remontage de *Mortelle Randonnée* avec, en particulier, la suppression de la séquence du motel. L'ellipse ainsi créée permettait, en gardant la continuité de la fuite, de passer à la fois de la nuit au jour, de la route à la ville, et du déplacement en cours à la fin du voyage.

Ce sont donc bien souvent des éléments concrets comme les mouvements, les lumières et les sons, qui, apparemment annexes dans le déroulement du récit, deviennent finalement prioritaires dès qu'il s'agit d'articuler celui-ci. Le rôle du son est en particulier tout à fait primordial. On peut penser que, lors d'une ellipse, le son de la séquence précédente doit obligatoirement s'interrompre. Puisque l'on passe à un autre moment du récit, il n'y a, semble-t-il, aucune raison pour que ce soit le même son qui continue. Dans *Mon oncle d'Amérique*, Nicole Garcia, dans son appartement à Paris, casse un vase sur le montant de son lit. Le son raccorde avec un autre son qui vient tout de suite après : celui que fait Roger Pierre en Bretagne, en laissant tomber l'ancre de sa petite barque sur les galets de la plage. Ici, il y a bien une rupture sonore, même si elle joue sur l'association de deux sons. Mais, très souvent, le son est au contraire utilisé pour créer une continuité à travers les ellipses. *Hôtel Terminus* de Marcel Ophuls était un film principalement composé d'interviews, c'est-à-dire d'un matériel discontinu. Comme celui de *Je t'aime je t'aime*, le récit d'*Hôtel Terminus* se présentait donc comme une suite d'ellipses, la continuité étant assurée par la parole. Simone Lagrange, une des protagonistes du film, avait fait l'objet de deux interviews par Ophuls : l'une à Paris en intérieur, et l'autre à Lyon en extérieur, devant la maison où elle avait vécu. A un moment du film, on passait d'une interview à l'autre, de l'intérieur parisien où elle portait une robe rouge, à l'extérieur lyonnais avec une robe noir et blanc. Comme Simone Lagrange avait, dans les deux entretiens, raconté son arrestation, la phrase commencée dans un lieu se poursuivait dans l'autre avec une parfaite logique.

Dans ce type de passage entre deux éléments discontinus, ce qui est, curieusement, ressenti en premier lieu, c'est la continuité (qui ici vient du son). Il y a un effet de retard dans la perception de la rupture. Dès que l'on donne au spectateur un point d'attache, il peut suivre, jusque dans des déplacements considérables, qui enjambent les distances et les périodes les plus éloignées. Si on utilise un trucage ou un plan de calendrier, on indique immédiatement au spectateur qu'il va s'agir d'un voyage. On le prend par la main, en quelque sorte, pour l'aider à sauter dans l'espace et dans le temps. Mais si on prend le risque de ne pas user de cette signalisation, on laisse au spectateur la liberté de chercher lui-même les indices qui lui permettront de mesurer après coup l'intervalle franchi. Il devra, de son propre chef, résoudre ces questions : où, quand et combien de temps ? Cette initiative qu'on lui laisse procure au spectateur le plaisir d'une plus grande autonomie, encore accru par le sentiment, comme en rêve, d'acquérir le don d'ubiquité.

Nous avons dit que l'on pouvait, à la faveur d'une ellipse, substituer à la chronologie du récit une logique plus concrète : celle des associations visuelles ou sonores. Dans *Providence*, on passe ainsi de la main de David Warner dans la benne à ordures à la main de John Gielgud appuyé sur le fauteuil dans le parc. Et cette association visuelle suffit à nous transporter d'un lieu à l'autre et d'un personnage à l'autre. C'est dans cette façon d'articuler une histoire à l'aide des éléments les plus concrets que le cinéma rejoint le rêve, et c'est là aussi, à notre sens, qu'il manifeste le plus clairement la spécificité de son langage. Cette hypothèse, que nous essayons de formuler ici, nous a peut-être entraînés à traiter dans un même élan des exemples que l'on aurait pu dissocier. En effet, nous avons considéré de la même façon des passages de temps et de simples changements de séquence. Si nous n'avons pas fait la différence, c'est que la notion d'ellipse, de par sa nature même, est très difficile à cerner. Ce qui nous a intéressés avant tout, c'est d'étudier comment des avancées dans le récit sont possibles, sans que l'on éprouve le besoin de les expliciter.

Pour nous, faire une ellipse, c'est opérer un enjambement réussi, ce qui n'est surtout pas à confondre avec l'impuissance à traiter une scène. Un certain nombre de cinéastes ont tendance, sous couvert d'ellipse, à éluder purement et simplement les difficultés. Stephen Frears en fournit un bon exemple avec *Les Liaisons dangereuses*, puisque son film est adapté d'un livre. Que Frears ait choisi, au XXe siècle, de traiter l'œuvre la plus libertine du XVIIIe en ellipsant systématiquement la représentation de l'acte sexuel peut à la rigueur passer pour un parti pris. Encore que, à considérer la beauté d'une scène de ce genre filmée par Antonioni dans *Identification d'une femme*, on puisse déplorer qu'un jeune cinéaste ne cherche pas à l'égaler, lorsque son sujet s'y prête si bien. Mais quand Frears abandonne la séquence entre Valmont et Cécile Volanges au moment où son héros promet à celle-ci de lui apprendre le vocabulaire sexuel, on ne peut que penser à une défection. Cette séquence était un défi à l'adaptateur comme au cinéaste. L'ellipse intervient ici à l'endroit même où la scène aurait dû débuter. Soyons clairs : nous ne cherchons pas à faire œuvre de critique, et ces notes ne sont pas un procès sur la qualité du film. Nous ferions les mêmes remarques à un cinéaste qui intitulerait son film «Le Petit Chaperon rouge» et qui omettrait le loup ! On pourra nous rétorquer que c'est là une affaire de choix, et que chaque réalisateur a le droit d'opérer celui qui lui est propre, mais cette liberté ne dispense pas d'être inventif. Dans *Haute Pègre (Trouble in Paradise)*, Ernst Lubitsch, qui, lui, était tributaire de la censure de son époque, utilise très astucieusement l'«ellipse obligée». Un homme et une femme tiennent une conversation amoureuse, dont on soupçonne qu'elle finira par les mener au lit. Le dialogue est monté *off* sur des plans de pendule, dont l'heure tourne. Mais, en même temps que les paroles se font plus tendres et les voix plus passionnées, les images changent aussi. On passe ainsi de la pendule du salon au réveil de la chambre à coucher puis, par la fenêtre ouverte, à l'horloge lointaine d'une église perdue dans la nuit, qui nous donne un certain sentiment de l'infini...

«MON ONCLE D'AMERIQUE»

> «*L'Amérique, ça n'existe pas, je le sais, j'y ai vécu.*»
> JEAN GRUAULT OU ALAIN RESNAIS
> (pour Zambeaux dans Mon oncle d'Amérique)

Interrogé par François Thomas, Jean Gruault, scénariste du film, en décrit ainsi la genèse : «Resnais n'avait que très peu d'éléments en tête pour *Mon oncle d'Amérique*, à savoir l'idée qu'on pouvait faire un film à partir des théories de Laborit, l'idée que les explications scientifiques, que les commentaires devaient être séparés du dialogue, et l'idée que certaines choses pouvaient être illustrées par des extraits de films» (*L'Atelier d'Alain Resnais*, Flammarion, 1989).

Mon oncle d'Amérique n'est pas un film scientifique, malgré la présence du professeur Laborit. Ce n'est pas non plus un film théorique. Au contraire, il est bien ancré dans le réel. Il ne faudrait pas davantage croire à un film sur le cinéma, sous prétexte que nous voyons tout du long des bouts de films qui font partie de l'histoire du cinéma. Non, il y est tout simplement question de l'évolution de trois personnages, à laquelle s'ajoutent les réflexions de Laborit. Parfois, ces réflexions éclairent le comportement des personnages, mais parfois aussi elles contredisent provisoirement ce que nous venons de voir, ou ce que nous verrons. Elles orientent en tout cas la perception de ces comportements, elles en permettent une lecture qui leur donne plus de sens.

Je ne me souviens plus si c'est Resnais qui me l'a dit, ou quelqu'un d'autre, ou encore si c'est moi qui l'ai inventé, mais je suis persuadé que chaque fois qu'Alain fait un film il le fait avec l'intention d'explorer un des aspects techniques de la création cinématographique. Et il me semble que *Mon oncle d'Amérique* a été fait plus particulièrement pour le montage. Comme on peut dire que *Mélo* explore plutôt les possibilités de la prise de vues. En ce qui me concerne, cette impression de plus grande liberté d'intervention dans *Mon oncle d'Amérique* est venue très vite, du fait que les éléments qui me parvenaient étaient plus ou moins maîtrisables au tournage. Ces éléments étaient en effet de nature différente, il y avait la fiction avec les comédiens (Gérard Depardieu, Nicole Garcia et Roger Pierre pour les trois rôles principaux), les photos mises en scène par Resnais et filmées au banc-titre, le semi-reportage avec Laborit, un reportage très dirigé sur les rats et quelques autres animaux, et enfin les extraits de films.

Ce qui rendait ce montage particulièrement complexe, c'était que tous ces tournages (ou non-tournages pour les extraits de films) ne me parvenaient pas en même temps. Resnais a tout d'abord tourné la fiction avec les comédiens. J'ai donc monté ces séquences. Mais l'intérieur même d'une scène de comédie pouvait être interrompu par une intervention de Laborit, par des rats ou autres animaux, ou par une image de cinémathèque. Pour compliquer le tout, Resnais avait prévu, dans la fiction, l'intervention de voix *off* de Laborit. Il avait en conséquence tourné des plans anormalement longs. Tant que je n'avais pas le texte de Laborit, je les coupais normalement, et j'indiquais sur la pellicule de combien de temps je pouvais éventuellement les rallonger. Par exemple, Roger Pierre n'en finissait pas d'arpenter la grève de l'île de Logoden. Plutôt que de garder dans son entier ce plan qui, sans la voix *off*, semblait interminable, je préférai, dans un premier temps, lui donner la durée qu'il pouvait avoir, tel quel, dans l'équilibre de la séquence. Ensuite, quand l'enregistrement de la voix de Laborit m'est parvenu, j'ai rallongé le plan en fonction de la nouvelle durée qu'il acquérait par l'association de cette voix. Il était impossible de procéder autrement, car le texte de Laborit n'était pas précisément écrit. Alain savait, bien sûr, quels thèmes il voulait lui voir aborder dans telle ou telle partie du film. Mais nous n'avions a priori aucune idée de la durée de chacune de ces interventions *off*.

J'ai donc monté en petits bobineaux séparés toutes les séquences de fiction dont je disposais, sans jamais chercher à les réunir entre elles, puisque, à chaque fois, des plans de Laborit ou des plans d'animaux devaient venir s'intercaler, et que je n'avais pas ces éléments. Ensuite, au fur et à mesure que la pellicule parvenait au montage, j'ajoutais chaque pièce du puzzle à sa place, et je faisais les modifications qui en découlaient. Je ne pouvais donc procéder que par approches successives. Toutes les méthodes de travail que j'avais utilisées pour les films précédents devenaient caduques. Il me fallait réinventer une manière d'avancer pour ce film-là.

Le film commence, après le générique, par des apparitions et disparitions régulières d'un cœur rouge sur fond noir. On entend les coups sourds du cœur qui bat, puis la voix *off* de Laborit : «La seule raison d'être d'un être c'est d'être. C'est-à-dire de maintenir sa structure, c'est de se maintenir en vie. Sans ça, il n'y aurait pas d'être.» Toute la suite de cette «introduction» se déroule sur des images fixes : des photographies. Leur succession retrace tout d'abord une progression parmi les formes végétales, du plus simple au plus élaboré. Puis l'on passe à des images d'objets qui, tous, font partie du passé des personnages : un encrier, un pédalier de bicyclette, une machine à coudre... Au son, nous avons tantôt la voix de Laborit, qui parle de la vie des plantes, tantôt les voix entremêlées des trois personnages principaux. Ici, la progression va de l'indistinct au plus audible, jusqu'à ce que l'on saisisse quelques bribes : «Je suis né à Torfou, je suis née, je suis né, à Paris, en Bretagne, dans les Vosges, dans une clinique, dans une île, chez une voisine...» On passe ainsi du collectif à l'individuel : les images de la mémoire (l'encrier, le pédalier, etc.) se mélangent d'abord comme les voix, puis l'on découvre l'expérience séparée de chaque individu. Laborit introduit (*off*) le caractère vital pour les animaux, dont l'homme, du déplacement, et nous découvrons enfin des plans animés... d'animaux précisément : une tortue, une grenouille, un poisson rouge. Ces derniers plans cèdent la place à nouveau à des photographies, mais celles-ci appartiennent maintenant à l'existence du seul Jean Legal (Roger Pierre), dont une voix féminine (Dorothée, qui n'était pas encore l'animatrice des émissions télévisées pour enfants) commence *off* la biographie.

Tout ce début du film est un exemple typique d'une séquence impossible à monter sans le son. Or les photographies, par nature, sont muettes ! Il fallait tout d'abord opérer un choix entre celles-ci. Le choix, comme l'organisation, dépendait évidemment des textes *off* de Laborit, sur lesquels elles devaient être montées. Alain avait fait, avec celui-ci, un premier enregistrement «en témoin» des thèmes principaux à aborder. J'ai d'abord travaillé à l'aide de cet enregistrement réalisé sur un simple magnétophone, et nous avions dans l'idée de réenregistrer Laborit en auditorium dès que le montage serait plus avancé. Nous nous sommes vite rendu compte que faire redire exactement les mêmes choses à Laborit était tout à fait impossible. Comme nous tenions au débit particulier qu'il avait quand il parlait spontanément, il n'était pas question de lui faire lire ses propres paroles. Dire un texte écrit comme si on l'inventait est une performance de comédien, pas de savant ! Et Laborit, lorsqu'il «inventait», était intarissable... Après bien des hésitations, nous avons finalement décidé de conserver, en grande partie, ce premier enregistrement. Heureusement, le perfectionnisme dont Alain fait preuve en toutes choses avait permis une qualité suffisante pour qu'en l'occurrence le provisoire devienne, la plupart du temps, définitif. En ce qui concerne les textes des personnages, cette difficulté n'existait pas, bien sûr, puisqu'ils étaient écrits dans le scénario. Il ne me restait, après que les acteurs les avaient enregistrés, qu'à les entremêler en les montant sur plusieurs bandes.

Les biographies des trois personnages sont toutes trois construites sur le même principe : la voix de Dorothée retrace chronologiquement l'histoire de chacun, tandis que se succèdent les photographies ayant trait à cette histoire. Au milieu des images fixes, un seul plan animé : celui de l'acteur ou de l'actrice auxquels chaque personnage s'identifie. Chacune de ces biographies se termine par une photo en gros plan du personnage dont le portrait vient d'être ainsi brossé. Dans ces séquences, comme d'ailleurs dans le film tout entier, Alain avait pris pour ligne directrice un décalage entre l'image et le son. Dans la biographie de Jeanine Garnier (Nicole Garcia), alors que la voix *off* mentionne : «Père ouvrier, usines Renault», nous voyons au contraire la mère de la jeune femme. Mais l'intérieur modeste dans lequel nous découvrons cette mère confirme la situation du père (ouvrier), tandis que la machine à coudre qui lui fait face suggère que la mère, elle, a pour seule profession celle de femme au foyer. Le sens supplémentaire que nous donnons ici à cette association d'une image et d'un son apparemment divergents n'est pas le seul possible. C'est là tout l'intérêt de ce procédé : il fait surgir un sens qui n'est tout à fait inclus ni dans l'un ni dans l'autre des deux éléments en présence, et ce sens est à interpréter. Chaque spectateur devra donc se raconter sa propre histoire.

Au milieu de ces associations sensibles et «facultatives», pourrait-on dire, on trouve quelques rares moments où l'image illustre simplement le son. Et parmi ceux-ci, un passage obligé : celui de l'apparition des extraits de films, qui «tombent» toujours sur la mention du nom de l'acteur dont notre héros s'est fait un modèle. On peut aussi noter que le premier de ces extraits, qui présente Danielle Darrieux comme «la seule femme [à laquelle Jean Legal ait] jamais été fidèle», est un gros plan fixe (de *Mayerling*, Anatole Litvak, 1935), dont on ne sait pas, jusqu'au moment où l'actrice baisse les yeux, s'il est animé ou non. On passe ainsi d'une façon presque inaperçue de la photo au cinéma, et l'émotion qu'on en éprouve n'est pas sans rappeler celle que Chris Marker avait ménagée dans *La Jetée* (film monté par Jean Ravel, entièrement composé d'images fixes, sauf un unique plan animé, où l'héroïne, très doucement, ouvre les yeux). Le passage se fait d'ailleurs de la même façon pour le tout premier plan animé du film : celui d'une tortue, qui reste immobile quelques secondes avant de se mettre en mouvement.

On remarquera également que les photographies utilisées suivent la chronologie de la vie des personnages. Mais cette chronologie n'est pas la même que celle du récit *off*, ou plutôt : elle ne va pas à la même vitesse. Ainsi, nous avons pu voir Jean Legal enfant alors qu'il était question, au son, de ses fonctions directoriales. On verra de même Jeanine Garnier fillette alors qu'est mentionnée son adhésion aux Jeunesses communistes, et René Ragueneau gamin quand on parle de ses dix-neuf ans. Les trois portraits de nos trois personnages de fiction sont séparés entre eux par des plans d'animaux (un chiot, un sanglier) commentés *off* par Laborit. Après celles de Jean Legal (Roger Pierre), de Jeanine Garnier (Nicole Garcia) et de René Ragueneau (Gérard Depardieu), une dernière biographie nous est retracée : celle d'Henri Laborit (Henri Laborit). Cette fois, les photographies qui illustrent le texte n'ont pas été mises en scène par Resnais : ce sont de réels clichés d'archives.

Nous ne pouvons ni ne voulons évidemment décrire ni commenter tout le film. Nous voudrions simplement mettre en lumière certains de ses aspects. Ce film opère sans cesse des mises en relation de fragments hétérogènes. C'est en cela qu'il repose peut-être davantage qu'un autre sur le montage. Il y a par exemple, dans la suite du film, toute une série de très courtes séquences qui mettent en scène chacun de nos trois héros. Tous trois sont vus tour à tour dans des situations parallèles, qui retracent l'évolution de leurs personnalités respectives à travers les influences du milieu familial. Ce qui est, ici, particulièrement intéressant sur le plan du montage, c'est l'effet produit par la juxtaposition de séquences appartenant à des histoires différentes. Nous voyons à la suite la petite Jeanine accompagner ses parents à la fête de *L'Humanité*, le petit René s'agenouiller près de sa mère dans une église, et le petit Jean aller en barque avec son père, qui veut faire de lui un officier de marine. La réunion de ces trois plans très brefs donne à chacun d'eux un sens supplémentaire. Les plans ne s'additionnent pas, ils se multiplient. Chacun d'eux, en effet, met en scène l'adhésion d'un des protagonistes à la foi professée par ses parents (communisme, catholicisme, militarisme). C'est leur réunion qui désigne la similitude de ces attitudes enfantines. Chaque spectateur interprétera donc la série selon sa propre idéologie personnelle, comme la description d'un endoctrinement, d'une aspiration à l'idéal, ou les deux tout ensemble. Que ces répercussions de sens aient été prévues ou non au tournage importe peu. Elles sont le résultat d'un pur effet de montage.

Un autre aspect remarquable de cette première partie du film est l'utilisation des voix *off* et *on*. Chaque personnage commente, avec sa voix d'adulte, les images qui le montrent enfant. Cette voix *off* tantôt relaie, tantôt est relayée par les voix *on*, synchrones, qui appartiennent directement à ces images. Lorsque René jeune homme quitte la ferme familiale au cours d'une violente dispute, c'est par sa voix *off* que nous en apprenons les raisons et les arguments, tandis que nous voyons notre héros vociférer sans qu'un seul son sorte de sa bouche. Ici, plutôt qu'un commentaire, la voix *off* a fonction de résumé. Elle nous donne les justifications que Ragueneau, du haut de ses trente-cinq ans, peut avancer sur son comportement de dix-neuf ans. Nous n'entendons de synchrones que les derniers mots de René à sa future femme : «Allez viens, Thérèse !» quand il quitte pour de bon la table familiale.

Montée *off*, nous avons aussi la voix de Laborit. Là encore, il ne s'agit pas, à proprement parler, d'un commentaire. Il y a d'un côté un professeur, qui expose le résultat de ses recherches sur le cerveau humain, et d'un autre des personnages qui utilisent le leur. Le comportement de ces personnages n'est jamais illustratif des théories de Laborit. Il y a des points de rencontre, c'est tout. Le montage des voix *off* est, à cet égard, significatif : jamais elles ne s'emmêlent, on sait toujours qui parle. Par exemple, quand Jeanine veut quitter ses parents pour suivre une troupe de théâtre, nous voyons, en un très long plan, les comédiens de la troupe charger un autocar d'accessoires. Nous entendons successivement :
1. La voix de Laborit *off* (intemporelle, qui parle de l'inconscient ;

2. La voix de Jeanine *off* (au passé), qui explique ce que ce départ signifiait pour elle ;
3. La voix de Jeanine *on* (au présent), tentant d'échapper à sa mère, qui veut la ramener à la maison.
Les voix se relaient avec une grande clarté, faisant s'incarner chaque fois davantage la thèse de Laborit.

Parfois, cependant, les paroles de Laborit rencontrent comme une résistance de la fiction. Tout n'arrive pas exactement comme il le dit, ou plutôt : tout n'arrive pas quand il le dit. A la fin de la séquence dans l'île, quand Jeanine et Jean se séparent avec, des deux côtés, le sentiment d'un douloureux échec, le «commentaire» de Laborit sur l'inhibition aboutit à l'évocation du suicide. Jean gravit, l'air accablé, le chemin qui mène à sa maison de l'île, tandis que Jeanine s'éloigne à la barque, sur la mer. Immédiatement, on se demande lequel des deux va se suicider. Aucune de ces deux images n'est, en elle-même, porteuse de l'idée de suicide. Mais, à écouter Laborit prononcer ce mot, on y voit soudain tous les prémisses de la mort. On «part» donc sur une histoire qui, d'une certaine façon, n'existe pas, qui n'a pas été filmée. Ni les images ni les sons ne nous racontent ce que nous croyons comprendre : la mort imminente de l'un des deux (voire des deux) personnages. Cependant, cette «fausse piste» se dessine d'elle-même, à la perception de la séquence. Elle n'est pas impressionnée sur la pellicule, elle n'est pas enregistrée dans le son, mais elle naît dans le film par leur réunion. Elle découle naturellement du montage.

Voyons maintenant quelques exemples de montage d'images, et en particulier ce qui est peut-être le plus spectaculaire : le montage des extraits de films. Le choix de ces derniers n'était déterminé que grosso modo. La seule décision qui était définitive dès le départ était d'utiliser Jean Gabin, Jean Marais et Danielle Darrieux, auxquels les héros de la fiction devaient s'identifier. Il ne suffisait pas de trouver Gabin, Marais et Darrieux, il fallait aussi qu'ils soient dans les situations voulues, et que celles-ci soient perceptibles en un laps de temps très court. Si l'on montait des passages trop longs, on risquait en effet de laisser le spectateur «entrer» trop bien dans l'extrait choisi, et éprouver ensuite quelque difficulté à revenir à notre histoire. Nous n'avons donc monté que des actions très brèves. Par exemple, quand Jeanine Garnier quitte le domicile familial, on la voit ouvrir la porte d'entrée, et c'est Jean Marais qui la referme dans *Ruy Blas* de Pierre Billon (1947).

Trouver les films que nous voulions n'était pas simple. Parfois, nous ne pouvions pas les obtenir : il n'y avait plus de copie, ou en très mauvais état, les droits étaient perdus, les producteurs ou les ayants droit étaient morts. Nous ne savions même pas, en demandant un film, s'il contiendrait quelque chose qui pourrait nous intéresser. Une fois, à la demande d'Alain, je cherchais un plan de *Mayerling*, où Charles Boyer donnait une gifle à Danielle Darrieux. J'ai vu et revu le film : la gifle n'y était pas. Le sentiment y était, mais jamais physiquement il ne la giflait. Ce qui faisait la joie de Resnais, en confirmant l'importance de la déformation que subissent les films dans notre souvenir. (Est-ce la raison pour laquelle je ne revois jamais les films que j'ai déjà vus ?) Nous nous sommes retrouvés à la tête d'un matériel considérable. Et comme tous ces films n'étaient pas disponibles en même temps, il y avait un va-et-vient continuel dans la salle de montage : les films entraient et sortaient. Avec Alain, nous plaisantions parfois sur l'idée de faire le film uniquement avec ces extraits, à l'aide, de temps en temps, d'un plan de Laborit qui relancerait l'action...

Pour chaque situation qui devait faire écho à la fiction tournée par Resnais, par exemple «Gabin en colère», on avait donc un choix très étendu. Parmi les «Gabins colériques» choisis, on peut citer Gabin renversant une table de restaurant (dans *Gueule d'amour* de Jean Grémillon, 1937), qui intervient à la fin du dîner au Novotel ; et Gabin se retournant, furieux (dans *Remorques* de Grémillon, 1939), monté avec un retournement de Depardieu. Dans le premier cas, Gabin remplace purement et simplement Depardieu, dont on attend une réaction au discours patronal tenu par Garcia et Arditi. Dans le deuxième cas, la réaction de Gabin est absolument identique, dans l'expression, le mouvement et le rythme à celle de Depardieu, à qui son collègue suggère de pointer. Nous voyons d'abord Gabin se retourner, puis Depardieu se retourner : «Moi, pointer ?». Le choix de cet ordre vient de la nécessité d'une succession rapide des deux mouvements, aboutissant à la réplique de Depardieu. C'est donc là qu'intervient l'attention particulière aux éléments concrets de l'image, du cadre, des mouvements, de la lumière et du son, qui est indispensable au montage.

L'effet obtenu par le montage de ces extraits dépassait nos espérances. C'était tellement gratifiant que nous étions tentés d'en placer partout. Nous en avions une telle quantité que nous pouvions toujours trouver des correspondances. A chaque fois, le rapprochement d'une de nos séquences de fiction et d'un extrait de cinémathèque produisait un effet magique, un émerveillement immédiat. Il y avait comme une surenchère d'un morceau de cinéma sur un autre morceau de cinéma. Mais à trop exploiter cet effet on aurait fini par l'affaiblir. Nous avons donc tiré avantage de la «sublimation» apportée par les extraits de films, en limitant leur utilisation aux situations qui nous semblaient les plus fortes. En particulier, à la première rencontre entre Jeanine Garnier et Jean Legal, nous avons renforcé cette articulation de récit par une véritable image de rêve, empruntée à *Ruy Blas*. Dans le théâtre où Jeanine est présentée à Jean, on entend la voix *off* de la jeune femme : «J'étais loin alors d'imaginer les changements que cette soirée allait apporter dans ma vie.» Nous passons à l'extrait, avec le visage de Jean Marais (le «héros» de Jeanine) dans un miroir. A ses côtés apparaît tout doucement le reflet de Danielle Darrieux (l'«héroïne» de Jean). Dans chacune des deux fictions en présence, nous assistons ainsi à une première rencontre. Et cette seule image résume le coup de foudre entre Jeanine et Jean avec une telle évidence que nous pouvons voir celui-ci quitter immédiatement sa femme pour s'installer chez Jeanine. L'extrait remplace toute une partie du récit. Il réalise la plus belle et la plus efficace des ellipses.

Une autre ellipse est réalisée, vers la fin du film, à l'aide d'extraits. Jeanine entraîne Zambeaux (Pierre Arditi) dans sa chambre. On comprend qu'ils vont faire l'amour. On voit alors Jean Marais (modèle de Jeanine) porter une jeune femme dans ses bras, et la déposer sur un lit (dans *Le Capitan* d'André Hunebelle, 1960). Puis nous découvrons Jean Gabin (modèle de René) marchant dans les rues l'air désespéré (dans *Gueule d'amour*), comme attristé, en regard de l'aventure des deux autres, par sa propre solitude. Nous retrouvons alors Depardieu arpentant sa chambre comme Gabin le trottoir. Le mouvement de l'un continue le mouvement de l'autre, avec la même direction, le même rythme, la même place dans l'image... Ici, et c'est la seule fois dans le film, ce sont les personnages de «rêve» qui permettent le passage d'un personnage «réel» à l'autre.

«Deux ans plus tard, jeudi 4 octobre 1979» : à partir de là, momentanément, les extraits de films disparaissent. En revanche, nous avons les rats. Le premier rat intervient dans la séquence de l'île. Jean Legal, inquiété par sa découverte d'une barque étrangère, progresse dans les taillis à la manière d'un personnage de dessin animé. Tout d'un coup, nous voyons passer un rat sautillant de la même manière. Puis Jean s'immobilise pour épier l'intrus, et nous retrouvons aussi le rat en arrêt, une patte en l'air. C'est un beau rat blanc de laboratoire, importé d'Angleterre. Il est filmé dans sa cage, et il ne faudrait pas le prendre pour un rongeur habitant l'île. On se demande d'ailleurs ce qu'il fait là, si ce n'est mettre en évidence les similitudes des comportements de l'homme et de l'animal. Évidemment, ce rat, même très complaisant, n'a pas imité spontanément Roger Pierre. Nous avons dû choisir les meilleurs moments de l'un et de l'autre, leurs attitudes les plus proches, et les réunir nous-mêmes. Ce rat apparaît donc tout d'abord comme un rat de montage. Puis nous apprenons qu'il appartient à Laborit. Le savant élève en effet des rats, qui prospèrent dans son laboratoire, et dont il étudie le comportement en relation avec ses recherches sur le cerveau humain. Dans le film, nous aurons l'occasion de lier plus intimement connaissance avec les pensionnaires de Laborit, qui nous expliquera les comportements de lutte, de fuite et d'inhibition qu'ils peuvent développer du fond de leurs cages. Partant, nous pourrons retrouver sans nous étonner outre mesure, et à notre plus grand amusement, nos personnages de fiction affublés de tête de rats. Le montage a joué son rôle de montage : il a mis en rapport des situations qui pouvaient l'être, alors même qu'elles utilisaient des images et des sons apparemment aux antipodes les uns des autres. Une fois cela établi, nous pouvons voir se concrétiser dans l'image cette relation de montage entre les hommes et les rats. Dans un appartement, un homme à tête de rat quitte sa femme. Dans un autre, il retrouve sa maîtresse. Nous reconnaissons Jean Legal en train d'illustrer les comportements de fuite et de gratification décrits par Laborit. Deux hommes à tête de rat se battent sur le bureau de l'usine de textile, et nous savons qu'il s'agit de René Ragueneau et de son collègue et rival, qui luttent pour établir leur dominance.

Puisque nous en sommes aux rats, parlons du sanglier de la fin du film. Nous connaissons cet animal qui, tout au début, a servi de support une fois déjà aux théories de Laborit. Naturellement, quand nous le retrouvons dans la même clairière, nous pensons qu'il va tenir à nouveau le même rôle. Nous attendons la voix *off* bien connue. Elle ne vient pas. La chasse commence et, sans la protection de Laborit, le sanglier n'est plus qu'un gibier traqué, bientôt abattu. Tout le déroulement du film nous a accoutumés à un montage qui utilise en association des images et des sons de différentes provenances. Lorsque l'on découvre une image susceptible d'accueillir un son *off*, on s'attend maintenant à un commentaire de Laborit. Ainsi, la surprise vient désormais d'un usage plus classique du montage, qui nous entraîne là où l'on ne pensait plus devoir aller. Le même phénomène se produit au réveil de René Ragueneau, après son suicide manqué. Nous entendons, *off* sur l'image de Ragueneau dans son lit d'hôpital, les mots et les sons (la pointeuse) correspondant aux moments les plus difficiles de sa vie. Ce procédé est un cas de figure classique, conventionnel même, du cinéma de fiction, qui admet qu'un homme, à l'approche de la mort, sente défiler toute sa vie sous forme d'images ou de sons. Cependant, ce film-ci nous a habitués aux voix *off*, sans jamais qu'elles expliquent complètement un comportement. Il nous faut donc accomplir une sorte de réajustement de notre perception pour comprendre qu'il n'est question, ici, que de suggérer les sentiments les plus diffus de René.

Cette adéquation soudaine, comme un clin d'œil, de la voix *off* et de la situation décrite, dans un film qui joue sans cesse sur le décalage, est d'ailleurs si fugace qu'aussitôt les mots et les sons disparaissent, balayés par la musique. C'est une valse triste, composée tout exprès par Arié Dzierlatka pour aller sur ces images. Emportés par elle, le sanglier solitaire fait des cercles avant de se coucher pour mourir ; Ragueneau vivant est étreint à l'hôpital par sa femme aimante ; dans un champ désolé, Jeanine libère sa rage et son désespoir en frappant Jean qui la quitte. Les trois temps de la valse impriment aux trois histoires leur rythme répété. Et ces plans reviennent en effet plusieurs fois, avant que l'on découvre, comme un résumé de tout le film, un gros rat blanc progressant dans une maquette d'appartement. Enfin, toujours avec la valse, nous remontons dans le temps. Nous revoyons la machine à coudre de la mère de Jeanine, la bicyclette du père Ragueneau, *Le Roi de l'or* que Jean lisait dans un arbre. Puis, plus loin, plus profond dans le temps : deux marrons dans leur bogue, une branche cassée, la terre. Laborit revient une dernière fois, et élargit alors ses remarques sur le comportement de l'individu à l'examen du comportement des groupes humains. Il explique comment celui-ci peut déboucher sur la guerre et le génocide. «Pour aller sur la Lune, nous dit Laborit, on a besoin de connaître les lois de la gravitation. Quand on connaît ces lois de la gravitation, cela ne veut pas dire qu'on se libère de la gravitation. Cela veut dire qu'on les utilise pour faire autre chose. Tant que l'on n'aura pas diffusé très largement à travers les hommes de cette planète la façon dont fonctionne leur cerveau, la façon dont ils l'utilisent, tant qu'on ne leur aura pas dit que jusqu'ici ça a toujours été pour dominer l'autre, il y a peu de chances qu'il y ait quelque chose qui change.» Nous découvrons alors des images de désolation, en de longs travellings chaotiques dans les rues du Bronx à New York. Les maisons sont à moitié effondrées, vitres brisées, pleines de gravats. On croirait voir *Allemagne, année zéro*. Un plan fixe nous montre un coin de rue. Sur la façade d'un immeuble, un morceau de forêt a été peint. Suivant les accords de la musique de Dzierlatka, les plans fixes se succèdent, se rapprochant chaque fois davantage de ce gigantesque tableau à ciel ouvert. On voit successivement : la forêt, un arbre, une branche, des feuilles... et, plus près encore, l'image se décompose, ne restent finalement que des briques avec des taches de couleur.

Paraphrasant Laborit, on pourrait dire : pour faire un film, il faut connaître les lois du montage. Quand on connaît ces lois du montage, cela ne veut pas dire qu'on se libère du montage. Cela veut dire qu'on les utilise pour faire autre chose...

DIALOGUE (3)

> *« La démolition et le doute :
> c'est avec ces deux éléments que vous
> devez construire. Je ne suis là que pour
> démolir et vous faire douter, car
> c'est ce que vous rencontrerez le plus. »*
>
> PASCAL BONITZER
>
> (pour *La Bande des quatre* de Jacques Rivette).

S.B. : *Puisque vous avez mentionné le fait que vos méthodes de travail ont été bouleversées avec* Mon oncle d'Amérique, *j'aimerais que vous précisiez en quoi elles consistent.*

A.J. : Ce qui a été impossible dans *Mon oncle d'Amérique*, c'est uniquement de monter séquence par séquence, comme j'ai coutume de le faire pour un film tourné de façon homogène. A part cela, le processus général était le même. Ce qui fait, d'ailleurs, que nous avons pu monter le film ! Le seul principe que j'ai, et qui se retrouve forcément sur chaque film, quel qu'il soit, c'est d'établir un partage de responsabilités, et de faire confiance aux gens avec lesquels je travaille. Que ce soit le réalisateur, le producteur ou les assistants au montage, chacun doit jouer son propre rôle.

S.B. : *Mais quand j'ai travaillé avec vous sur* Hôtel Terminus, *vous m'avez donné, me semble-t-il, un rôle qui n'était pas habituel. Je pense que, là aussi, la nature du film vous a poussé à changer les méthodes de travail et la distribution des rôles. Par exemple, vous ne vous occupiez pas des raccords, mais uniquement de la construction générale du film. Ce qui était, bien sûr, beaucoup plus important. Vous m'avez donc laissé faire tous les raccords, ou presque tous. Pour moi, c'était une chance ! Aucun chef monteur ne donne jamais autant de responsabilités à ses assistants.*

A.J. : Non, ce ne sont pas là de véritables changements des méthodes de travail. Simplement, il y a une marge plus ou moins grande dans ce qu'on peut déléguer. C'est avant tout une question de relations entre les gens. Chacun doit savoir assumer ses responsabilités, sans chercher à empiéter sur celles des autres. Je me méfie toujours d'un technicien, quel qu'il soit, qui fait entendre ou laisse dire que c'est lui et lui seul, et non le réalisateur, qui a fait le film, que s'il n'avait pas été là le film ne se serait pas fait, que grâce à lui..., etc. Naturellement, je pense que son apport dans le film peut être très important. Cela dépend de la confiance que l'on a mise en lui. Mais jamais, jamais un film ne dépendra de quelqu'un d'autre que du réalisateur. Lui seul a enduré, du début à la fin d'un film, les contraintes, les obligations, les couleuvres à avaler, et toutes les humiliations petites ou grandes qu'il a dû subir.

S.B. : Nous nous étonnions, l'autre jour, de voir les étudiants, à la F.E.M.I.S., si préoccupés de savoir qui commande sur un film, et surtout au montage. Est-ce que ce n'est pas, justement, par méconnaissance du rôle de chacun qu'ils se posent de telles questions ? Ce qui est bien naturel, d'ailleurs, car les conditions de travail dans une école ne peuvent pas être celles du milieu professionnel, même si elles tendent à s'en rapprocher le plus possible...

A.J. : Tout d'abord, afin de liquider ce doute dans lequel se trouvent les étudiants, il faut être très clair. En France, le dernier mot sera toujours pour le réalisateur du film. C'est tout à fait normal, car après tout c'est son film qu'il fait, que nous faisons. D'ailleurs, plus le metteur en scène est capable, et plus son autorité officielle disparaîtra au profit d'une autorité naturelle...

S.B. : C'est la même chose pour le chef monteur avec son assistant. Il y a aussi la notion de propriété des idées, à laquelle les gens tiennent plus ou moins, et qui les empêche parfois de vraiment partager le travail. J'ai été frappée, sur Hôtel Terminus, *de voir à quel point ni Ophuls ni vous ne vous souciiez de savoir qui avait eu telle ou telle idée. A partir du moment où elle paraissait bonne, elle était accueillie tout naturellement, et cela permettait à tout le monde de s'exprimer librement.*

A.J. : Mais les gens s'expriment avec d'autant plus de liberté qu'ils savent aussi se taire et écouter. Dans une salle de montage, tout le monde a droit à la parole, encore faut-il qu'elle soit prise au bon moment. Il n'y a pas de hiérarchie de personnes ou de fonctions, mais simplement des priorités de travail. Le réalisateur, pas plus que l'assistant, ne doit faire mon travail à ma place. Et il est aussi inadmissible qu'un producteur vienne m'ennuyer avec des problèmes d'argent. Il y a encore une chose que je n'accepte pas, c'est que l'on multiplie les projections, alors même que le montage n'est pas fini, afin de recueillir des avis extérieurs. Tout d'abord, quelqu'un à qui l'on demande un jugement sur le film n'est plus dans la situation d'un spectateur «normal». Ensuite, il est impossible de juger d'un film inachevé. Les défauts d'image : les collures qui sautent, les plans mal étalonnés, rayés par leurs passages sur la table de montage, et les défauts de son : les effets manquants, la musique absente, les voix inaudibles, les différences abruptes de volume, etc., toutes ces imperfections que recèle le film dans cet état transitoire en perturbent forcément la perception. Pour ma part, je refuse absolument de montrer le film inachevé à toute personne qui n'est pas directement concernée par sa finition.

S.B. : Cela suppose une autorité que tout le monde n'a pas...

A.J. : Mais, de mon côté, il y a un certain nombre de domaines dans lesquels je me garde d'intervenir. Le choix des prises, notamment, doit appartenir entièrement au réalisateur. Il se peut que moi je préfère, par exemple, une prise où les comédiens ont un jeu assez sobre, et que le réalisateur ait envie de quelque chose de plus marqué. C'est vraiment une question de goût personnel, et de choix d'un style pour le film. Si j'interfère dans ce choix, je risque de pousser le film dans une direction bâtarde. De plus, si le réalisateur préfère réellement une prise, il y reviendra tôt ou tard. Lui en faire adopter une autre revient donc à une perte de temps, si ce choix doit s'avérer provisoire. Il est important de laisser au réalisateur le temps de décider vraiment quelles sont les prises qu'il souhaite utiliser. Cela doit toujours avoir lieu en projection, et il est souvent préférable de visionner deux fois chaque bobine. Resnais, qui met beaucoup de sérieux dans ce choix initial, a l'habitude de faire enlever les claps et de mélanger les prises afin d'être le moins possible influencé par l'ordre du tournage. Lorsqu'il hésite entre deux prises, nous procédons par éliminations successives : nous retirons les autres prises de la bobine et projetons à nouveau le lendemain les deux prises en balance. Il arrive que nous gardions une prise en réserve, mais l'expérience prouve que, si le choix a été opéré dans les conditions optimales, nous ne revenons jamais dessus. Sauf, évidemment, pour des questions de raccords, s'il s'avère qu'un plan peut mieux s'enchaîner au précédent ou au suivant, en substituant à la prise initialement choisie une autre prise équivalente dans le jeu. Pour moi, c'est cela la seule méthode de travail. Tout le reste ne consiste qu'en des manières pratiques d'aborder le montage.

S.B. : A ce propos, j'aimerais que vous parliez de votre habitude de faire mettre les chutes en bobines synchrones.

A.J. : C'est une pratique que je partage avec d'autres monteurs. Je n'en suis ni l'inventeur ni l'utilisateur exclusif. Cela a une double fonction : me remettre en mémoire le matériel existant, et me donner des idées nouvelles. L'autre façon de faire consiste à ranger les chutes et les doubles en petits rouleaux séparés, plan par plan. Dans ce cas, lorsque l'on a besoin d'un morceau de plan, l'assistant ne sort que le plan demandé. Alors que, si les chutes et les doubles sont en bobine, je fais défiler toute la bobine pour trouver ce que je désire. Ce faisant, je m'imprègne du matériel et souvent, à cette occasion, je trouve autre chose que ce que je cherchais initialement. L'obligation qu'il y a à voir tous les plans d'une bobine me pousse à spéculer sur le montage. Cette pratique n'est donc pas une manie, mais une manière de voir, nécessaire pour moi. De même, je préfère découvrir en une seule fois le résultat de toutes les modifications que j'apporte sur une séquence. Cela me permet de ne pas me «polariser» sur un raccord, de m'attacher davantage aux problèmes de construction. Donc je fais des marques, et c'est l'assistant qui exécute physiquement le montage.

S.B. : *Je sais que certains réalisateurs n'aiment pas cette pratique, parce qu'ils ont l'impression d'être frustrés d'une partie de l'élaboration du montage, qui ne s'effectue plus sous leurs yeux. Ils ont l'impression d'être mis à la porte de la cuisine.*

A.J. : Pour l'assistant, en revanche, c'est plus intéressant, car il peut suivre ainsi le cheminement du montage, comprendre la démarche qui aboutit à ces rectifications. C'est d'ailleurs la seule façon, pour les gens qui débutent, d'apprendre réellement leur métier. Les stagiaires ne sont pas là uniquement pour ranger les chutes et aller chercher les cafés. C'est aussi parce que je travaille «aux marques» que j'aime mieux avoir une vieille table de montage «verticale», la Moritone, plutôt qu'une de ces tables «à plat» modernes. La Moritone est plus simple et permet d'écrire facilement sur la pellicule. Je fais des marques avec un crayon gras, qui s'efface aisément, et je peux inscrire pour l'assistant des tas d'indications concernant la marche à suivre. C'est tout un dialogue qui passe ainsi par la pellicule.

S.B. : *Les différentes manières de voir dictent donc différentes pratiques. Je pense à la pratique de Christiane Lack, dont j'ai été l'assistante. Par exemple, dans une conversation entre deux personnages, filmée en champ/contre-champ, nous aurons deux plans : un sur le premier personnage, avec ses répliques* on *et les réponses* off *du second personnage, et un sur ce second protagoniste, avec les* on *et les* off *inversés par rapport au premier. Elle me fera couper à l'intérieur de chaque plan, chaque fois qu'elle le jugera nécessaire, et alterner les mêmes répliques en doublon* on *et* off. *Une fois que j'aurai réalisé ce travail, elle aura la possibilité de mieux appréhender les différentes options de montage, et de choisir en dernier ressort celle qui convient le mieux à la séquence.*

A.J. : Cette façon de travailler qu'a Christiane doit lui convenir parfaitement. Pour moi, je ne pourrais pas m'y prendre ainsi, car j'ai besoin, quand je commence un travail, de croire qu'il est définitif. Le fait de placer les morceaux de plans de cette manière m'enlèverait tout esprit d'aventure. Tant que la séquence n'est pas construite, je ne l'appréhende pas, et c'est en faisant des erreurs que j'arrive à savoir quoi faire pour reprendre la bonne direction. Il me faut donc construire directement la séquence, quitte à me fourvoyer provisoirement. Mais, en fait, nous arrivons au même but par des chemins différents.

S.B. : Ces différentes pratiques se ramènent donc à différentes contraintes que les monteurs se donnent pour avoir une vision optimale de leur travail.

A.J. : Oui. Et pour les mêmes raisons j'ai complètement abandonné la lecture des scénarios. J'essaie toujours de me placer du point de vue du spectateur. Et cette attitude doit être maintenue, si possible, pendant tout le montage. Par exemple, dans *Vanille fraise* de Gérard Oury, je m'en veux d'avoir cédé au réalisateur à propos d'une coupe. Il s'agissait d'une séquence au cours de laquelle Clarisse (Sabine Azéma) faisait voir, d'un geste de la main, la particularité de la personne qu'Hippolyte (Isaach de Bankolé) et elle devaient rencontrer à Capri : l'homme aux doigts coupés. Lorsque nous voyons pour la première fois cet homme aux doigts coupés, le geste qu'il fait de sa main mutilée nous apparaît maintenant comme un geste obscène, puisque son infirmité, initialement révélée par Clarisse, nous est désormais inconnue. Avant que cette coupe n'ait été faite, l'impact de la découverte de cet homme était beaucoup plus fort, car le geste avait pour nous un effet comique dû à son double sens. J'ai, sur ce point, cédé à la rapidité du récit, sans tenir compte d'une information importante pour le spectateur. Il est plus difficile qu'on ne le croit de garder présente à l'esprit la quantité d'informations dont dispose le public à chaque moment du film. Pour cette raison, ajouter des plans pose moins de problèmes que d'en retirer. Quand on supprime une partie de séquence, on garde en mémoire les informations qu'elle recèle. On en tient compte inconsciemment. Quand on ajoute des éléments, en revanche, il est plus aisé d'en mesurer précisément la fonction et l'impact sur l'ensemble du film. Il est parfois totalement impossible d'éprouver les sentiments de ceux qui découvrent progressivement l'histoire et ses personnages. Ainsi, avec *La Petite Voleuse* de Claude Miller, nous avons été très surpris par les réactions des spectateurs, qui différaient complètement des nôtres. Connaissant la fin du film, nous n'avions aucune crainte concernant l'influence exercée sur Jeanine (Charlotte Gainsbourg) par Raoul (Simon de la Brosse). Au contraire, les spectateurs tremblaient de la voir aux prises avec celui qu'ils percevaient tout d'abord comme un jeune voyou. Cette disparité de sentiments se vérifiait également à propos de Michel (Didier Besace), le premier amant de Jeanine : il nous paraissait, à nous, un peu trop conventionnel, tandis que la bonhomie dont il faisait preuve lui assurait une certaine bienveillance de la part du public.

S.B. : La difficulté, c'est donc de percevoir le film comme un spectateur. C'est d'autant moins évident qu'au départ le monteur connaît l'histoire sans connaître la forme exacte qu'elle va emprunter. Il ne faut pas se tromper sur le film que l'on fait. Tarkovski raconte d'ailleurs très bien cela, à propos du Miroir *: le film existait, mais il fallait le trouver.* «Le Miroir *fut monté avec énormément de difficultés ; il existait plus de vingt variantes du montage du film. Je ne parle pas du changement de certains "collages", mais de modifications radicales de la construction, de la suite même de l'épisode. Parfois on avait l'impression que le film ne pourrait plus être monté, ce qui signifiait que lors du tournage avaient été commises des erreurs impardonnables. Le film ne tenait pas debout, il ne voulait pas se mettre sur ses pieds, il tombait en morceaux sous les yeux, il ne possédait aucune unité, aucun lien intérieur, aucune implication, aucune logique. Et soudain, un beau jour, quand nous avons trouvé la possibilité de faire encore une, la dernière, interversion désespérée, le film est né. Le matériau est devenu vivant, les parties du film ont commencé à fonctionner en corrélation, comme si elles étaient unies par le même système sanguin ; le film venait au monde sous nos yeux au cours du visionnement de cette ultime, et définitive, variante du montage. Pendant longtemps encore, je ne suis pas arrivé à croire que le miracle s'était accompli, que le film s'était enfin monté. C'était là une vérification sérieuse de la justesse de ce que nous avions fait sur le plateau. Il était clair que l'assemblage des parties dépendait de l'état intérieur du matériau. Et si* *cet état s'était créé dans le matériau dès le moment du tournage, si nous ne nous trompions pas sur le fait qu'il avait surgi, s'il était apparu pour de bon, le film ne pouvait pas ne pas se monter ; cela aurait été anormal. Mais pour que cela se produise, il fallait saisir le sens, le principe de la vie intérieure des morceaux filmés. Et quand, Dieu merci, cela a eu lieu, quand le film s'est mis à tenir debout, quel soulagement nous avons tous éprouvé !» (Positif n° 249, décembre 1981).*

A.J. : Dans ce cas précis d'Andreï Tarkovski, il est certain qu'il savait quel film il faisait. Mais c'est justement pour cette raison qu'il a tellement cherché, pour finalement trouver. On en revient toujours au même principe : se concentrer, spéculer, essayer. Très souvent, ce n'est pas le cas : les techniciens ne comprennent pas ce que veut le réalisateur. A ce moment-là, ils ne savent pas quel film ils font, sauf qu'ils veulent le modeler à leur image. Il est bien évident qu'on ne peut pas traiter tous les films de la même manière, ni tous les réalisateurs, d'ailleurs. Certains vous entraînent dans un univers personnel, d'autres dans une ambiance amusante ou familière. Avec certains, on apprend davantage, ce qui rend l'expérience plus passionnante, plus enrichissante. De toute façon, ma part de travail consiste à rassembler tous les éléments qui sont tournés, et à me laisser guider par les images et les sons. Exercer au mieux le métier qui est le mien et que je crois bien faire. Il faut sûrement beaucoup de travail et de concentration pour trouver la bonne voie. N'oublions pas que tout le monde a droit à l'erreur : le réalisateur comme le monteur... Et si le réalisateur avait raison ?

FILMS DE FICTION ET FILMS DOCUMENTAIRES

> «Je n'ai aucun message. J'essaie avant tout de réagir personnellement et simplement devant un sujet. J'essaie de prendre position devant un événement, une histoire, un point c'est tout. Le reste n'est que journalisme...»
>
> ALAIN RESNAIS

De plus en plus, documentaire et fiction s'interpénètrent, se mélangent. Il n'est pas rare de voir des documentaristes, et parmi les plus célèbres, Joris Ivens par exemple, prendre à plusieurs moments des virages pour nous mener vers la fiction. Souvenons-nous de la séquence des statues équestres chinoises que Joris souhaitait filmer dans *Une histoire de vent*. On voit le cinéaste faire des démarches, auprès des autorités de Chine populaire, pour obtenir l'autorisation de tournage. La réponse qui lui est faite est plus que restrictive, puisqu'on lui propose un délai dérisoire pour éclairer et filmer cette armée gigantesque. Ce qui nous est montré, c'est donc l'obstination du cinéaste, qui préfère finalement filmer de simples reproductions, plutôt que d'accomplir un travail réducteur. Contrairement aux séquences précédentes, sous forme de reportage, celle du tournage des statuettes est entièrement mise en scène. Ivens tourne l'obstacle à son avantage et nous raconte ainsi, comme une fiction, les tribulations d'un cinéaste en Chine. De même, certains films de fiction bifurquent volontiers vers le documentaire. Alain Resnais, dans *Mon oncle d'Amérique*, profite de son histoire pour nous exposer les thèses du professeur Laborit. Ces deux exemples montrent bien à quel point la frontière est floue entre ces deux genres, et combien le monteur doit pouvoir s'adapter à ces structures «flottantes».

On entend couramment dire que le documentaire est plus intéressant pour le monteur, qu'il peut s'y exprimer davantage. Les raisons invoquées sont : une plus grande liberté de manœuvre, un type de récit plus susceptible de se laisser infléchir par le montage, et l'occasion de discussions plus profondes avec le réalisateur. Il n'est pas sûr que ce soient là des raisons bonnes et constructives. A l'opposé de ces idées toutes faites, il est possible que le réalisateur soit plus enclin à parler lorsqu'il manque d'idées quant à son sujet, que la liberté qu'il donne au monteur ne soit alors qu'illusoire et que le montage parte dans tous les sens faute d'une ligne directrice. Plus la porte à franchir est étroite, et plus il est intéressant de la franchir. Et la porte est-elle jamais plus étroite que pour un film de fiction ? Là où un réalisateur impose sa vision, même sans savoir exactement comment il y arrivera, pourvu qu'il sache que l'on peut y arriver...

Mais loin de nous l'idée de dénigrer le documentaire, bien au contraire ! Toute une génération de monteurs a été formée à son école. Il y avait en France, autour des années 60, un véritable esprit de recherche et de liberté. Des jeunes cinéastes avaient «pris le pouvoir», entraînant avec eux tous les techniciens de cinéma, et leur faisant découvrir des nouvelles voies dans la manière de raconter une histoire, même si celle-ci était celle du «styrène». Les Resnais, Franju, Rouquier, Rouch, Painlevé, Fabiani, Marker ont ainsi non seulement appris leur métier de réalisateur, mais ils ont aussi été amenés à mieux connaître et maîtriser le montage. La pratique du documentaire, telle qu'elle était alors exercée, tenait en effet réalisation et montage dans l'association la plus étroite. La plupart des sons étant ajoutés au montage, chacun d'eux était rigoureusement pesé. On ne se payait pas, comme c'est malheureusement trop souvent le cas de nos jours, d'un simple flot de discours qui vienne noyer l'ensemble. Ne disposant pas des facilités actuelles de l'enregistrement sonore, ni des ressources faciles en «pellicule» apportées par la vidéo, le cinéaste apprenait à compter sur le montage comme sur un élément essentiel de sa réalisation. Ainsi, réalisateurs et monteurs, plus proches les uns des autres, pouvaient mener une collaboration plus féconde, et cet avantage se poursuivait quand, ensemble, ils entreprenaient un long métrage de fiction.

Quelle différence peut-il y avoir entre un montage de documents d'actualités, la libération de Paris par exemple, et le montage d'une fiction sur le même sujet ? On peut dire que les actualités, avec tous les éléments dramatiques qui les composent, n'ont pas été mises en scène. Mais, par le montage, on cherchera à raconter le mieux possible et avec le maximum d'intensité l'histoire, par exemple, de cet Allemand courant au milieu d'une rue et les différents plans pris à la sauvette des F.F.I. qui lui tirent dessus. Dans ce cas, nous ne connaissons pas cet Allemand, ce n'est pas le héros d'une histoire, c'est un personnage de l'Histoire, un personnage complètement anonyme. Nous ne sommes intéressés que par ce qui peut lui arriver : sera-t-il atteint ou non par les balles des F.F.I. ? D'ailleurs, nous ne voyons pas le moment où il est touché à mort. Nous ne savons pas non plus lequel des F.F.I. l'a tué. L'intensité dramatique consiste donc au point de vue du montage à donner cette impression de chasse à l'homme que l'on sait réelle. En admettant que toute cette action soit romancée et qu'un cinéaste veuille en faire une séquence, on peut imaginer que l'Allemand, ou le F.F.I. donneur de la mort, serait un des personnages de notre film, ou bien il se pourrait qu'ils soient tous les deux des personnages du film. Le réalisateur tournerait la séquence, tout en essayant de conserver une certaine authenticité, avec des plans qui mettent en scène ces deux personnages. Le monteur devrait donc monter la séquence dans un esprit différent de celui qu'il aurait eu à monter les plans d'actualités. Il ordonnerait les plans de sorte que l'on comprenne que notre héros tireur a bien tiré afin de toucher l'Allemand fuyant, et que celui-ci a été atteint ou non. Il ne pourrait escamoter le moment de l'impact, même si cet impact peut être *off*. Il faudrait qu'il le «marque» d'une façon ou d'une autre.

Il y a une grande différence entre le tournage d'un film documentaire et celui d'un film de fiction, et cette différence se répercute directement sur le montage. Dans la fiction, tout est en principe prévu, les raccords doivent en principe exister : les textes, comme les déplacements de la caméra et des acteurs, sont organisés pour cela. Un documentaire, au contraire, fait souvent appel à des événements qui ne se déroulent qu'une seule fois, et qu'il est donc impossible de «découper», avec les changements de grosseurs et d'axes, et les chevauchements requis par le montage. Même s'il s'agit d'interviews, les personnages que l'on fait parler ne peuvent pas, d'un plan sur l'autre, raconter exactement la même histoire dans les mêmes termes, car ce sont des amateurs qui improvisent. Il y a évidemment des exceptions : *Les Marines*, de François Reichenbach, était un documentaire sur l'entraînement militaire des jeunes Américains. Entraînement qui est justement mené à l'aide de répétitions, jusqu'à l'abrutissement complet, des mêmes mots et des mêmes gestes. Reichenbach pouvait donc, d'un jour sur l'autre, filmer avec des grosseurs et des axes différents les mêmes phases d'exercice, et le montage du film se déroulait dans des conditions presque identiques à celles d'un montage de fiction. Cependant, même pour ce film, il a fallu, à chaque fois, chercher d'un plan à l'autre un passage possible, qui n'avait pas été ménagé d'avance par le réalisateur.

Si le montage d'un film de fiction est donc résolument du côté du spectacle, celui d'un documentaire, lui, doit allier spectacle et authenticité. Le montage, en effet, ne montre pas la réalité, mais la vérité ou le mensonge. Nous débouchons là sur l'idéologie, et même sur la morale, dans la mesure où, par le montage, on peut faire surgir des événements une signification fausse : d'où la relativité mystificatrice des films de propagande. C'est ce qu'a très bien montré Chris Marker avec *Lettre de Sibérie*. En 1958, il tourne en Sibérie à Yakoutsk, et au montage il se livre à une expérience étonnante. Sur une scène de rue ordinaire, il commente deux fois la séquence avec des propos radicalement opposés. Le résultat, avec les mêmes images, est saisissant : la ville est «moderne» ou «sinistre», l'autobus est «magnifique» ou «rouge sang», les ouvriers et ouvrières qui travaillent à la réfection de la chaussée sont soit des «héros», soit des «esclaves», et toutes les personnes qui traversent le champ de la caméra peuvent être qualifiées de tous les mots et de leurs contraires. Le résultat est saisissant et la démonstration radicale ; on peut faire dire aux images absolument tout et son contraire.

On peut dire aussi que les images s'imbriquant selon un montage agencé en privilégiant certaines séquences et certaines scènes plutôt que d'autres, en mettant en avant des effets sonores, en donnant une importance à la musique ou à un commentaire, aboutissent à une transformation de l'actualité brute. Marcel Ophuls, avec son film *Le Chagrin et la Pitié*, tend dans sa réalisation à montrer les rapports qu'il y a entre la vie quotidienne et l'aventure, l'anecdote et l'Histoire, et fait revivre la France sous l'Occupation selon un scénario qu'il établit et applique dans son montage. Ainsi, jamais la caméra n'est innocente, même pour une relation imagée d'un événement : choix des plans, des angles de prise de vues, cadrages, etc. Un film est bâti selon une succession d'images en séquences qui génèrent un rythme, un style, un contenu. La vieille opposition du fond et de la forme qui, pour beaucoup, a trouvé dans la notion de «documentaire» son dernier refuge, prouve donc, ici comme ailleurs, son entière vacuité. Marcel Ophuls : «L'idée que des films documentaires doivent avoir plus d'utilité que d'autres formes dramatiques est une idée contraignante, donc antilibertaire et constitue à la limite une censure. Dans n'importe quel film on cherche à rendre compte de ce que l'on ressent à l'intérieur d'une stucture qui fasse que les gens ne décrochent pas» (entretien avec Frédéric Strauss, *Cahiers du cinéma* n° 411, septembre 1988).

Une différence importante subsiste entre documentaire et fiction, dans la façon dont le temps s'écoule au sein du film. Lorsque Marcel Ophuls monte d'un seul tenant un quart d'heure d'une même interview, cela nous semble à peine quelques minutes. Dans un film de fiction, une séquence de la même longueur, montrant simplement un personnage assis en train de parler dans son salon, paraîtrait sans doute interminable. Or, à partir du moment où un spectateur est entré dans une salle de cinéma pour voir les quatre heures et demie d'*Hôtel Terminus*, jamais plus il n'a regardé sa montre. Le ton donné par l'intervieweur insufflait aux personnes interrogées un véritable talent de conteur. Lise Lesèvre, par exemple, n'est plus seulement une vieille dame qui raconte sa vie, aussi tragique soit-elle ; c'est une femme qui, à l'unisson de l'humour d'Ophuls, réussit à retracer avec le sourire les terribles épreuves qu'elle a traversées. La façon dont le temps passe au cinéma est donc intimement liée, dans un documentaire comme dans un film de fiction, à la qualité des personnages, des dialogues et de la mise en scène. Il n'en reste pas moins que les spectateurs ne «décrochent», dans l'un et dans l'autre, peut-être pas de la même façon ni aux mêmes endroits. Le fait que l'on nous raconte des événements réels ou pas, que ce soient ou non les véritables acteurs de ces événements qui nous les retracent, influe considérablement sur la façon dont nous les percevons. Nous admettons d'un personnage réel des hésitations, une lenteur qui nous impatienteraient de la part d'un comédien. Un des principaux rôles du monteur est de percevoir ces différences de temps, d'être toujours sensible aux contractions ou aux dilatations soudaines de la durée. Et en cela aucune règle, aucune routine ne peut le guider.

Ce qui fera l'intérêt d'un documentaire tiendra donc plutôt dans le point de vue du cinéaste sur son sujet que dans le sujet lui-même. C'est une erreur couramment répandue que de croire qu'un sujet fort suffit à faire un film fort. Lorsque Canal+ commande à Alain Cavalier une série de portraits télévisés, celui-ci choisit de nous présenter, entre autres, une matelassière. Cette femme humble au métier humble qui, comme beaucoup de petits métiers, va bientôt disparaître nous émeut bien plus que les habituelles stars dont on ne se lasse pas de nous raconter les vies tumultueuses. C'est cette nécessité de trouver un style défini, dans la représentation d'un événement réel, que la télévision néglige parfois. Elle nous a habitués à voir des témoignages, des interviews et même des documents d'archives sans aucun raccord image. La continuité existe seulement dans le son : soit un commentaire dit par un journaliste et expliquant les images qui défilent, soit la parole de l'interviewé qui raconte ce qu'il a à dire. Les images peuvent être tournées en contradiction des plus élémentaires règles stylistiques employées au cinéma, cela n'a aucune importance. Ce qui compte, c'est l'authenticité du discours. Cette absence de style est devenue une sorte de style à elle seule, ou plutôt une marque de véracité, et a été du même coup employée en publicité et en faux documentaires. Dans ces deux cas, il y a volonté de tromper le spectateur, car on essaie de lui faire croire à des images volées à la réalité. Un exemple célèbre en est le film italien *Mondo cane* de Gualtiero Jacopetti (1962), qui essayait de nous faire croire à la véracité d'images exhibitionnistes et morbides qui, toutes, étaient mises en scène. Le montage faisait alterner des séquences d'érotisme exotique et des séquences de faux reportage en Asie, où l'on voyait des animaux subir les tortures les plus horribles. Il monnayait ainsi l'adhésion du spectateur en flattant ses goûts les plus bas pour les choses du sexe et de la mort. A l'inverse, *Le Sang des bêtes* de Georges Franju est un vrai documentaire, sans concession, tant au tournage qu'au montage, pour lequel le calvaire des chevaux de boucherie n'a jamais été truqué, ni bien sûr reconstitué.

En revanche, certains cinéastes peuvent à certains moments créer de «faux documents», mais ce n'est pas une tromperie si, dès le début du film, le réalisateur a donné les règles du faux. *L'As des as* utilisait des images d'archives empruntées aux *Dieux du stade* de Leni Riefenstahl et montées avec des plans tournés par Gérard Oury. On voyait ainsi Adolf Hitler ouvrir les jeux Olympiques de Berlin en 36, avec la vraie foule et un vrai lâcher de colombes. A la suite venait un plan tourné par Oury avec un sosie d'Hitler, où ce dernier était atteint par une crotte de pigeon. On revenait aux images d'archives pour voir tirer les canons olympiques et, dans le plan suivant tourné par Oury, une pluie de plumes s'abattait sur la tribune officielle. Personne cependant ne pouvait s'y tromper et s'imaginer que l'ouverture des Jeux de 36 s'était réellement déroulée ainsi. On peut juste imaginer qu'un spectateur particulièrement naïf, allant pour la première fois au cinéma, puisse se laisser abuser. Mais celui-ci ne serait-il pas impressionné simplement par le cinéma en tant que mode d'expression ? De la même façon que les premiers spectateurs ont, paraît-il, été terrorisés par l'entrée du train en gare de La Ciotat.

«HÔTEL TERMINUS»

> *«Oui, mais qui va payer l'hôtel pendant [les] six semaines [du procès] ? Je suis mercenaire et fier de l'être, cela fait partie de l'éthique ophulsienne : on n'édite pas à compte d'auteur.»*
>
> MARCEL OPHULS

Hôtel Terminus était principalement composé d'interviews, que Marcel Ophuls appelait «têtes parlantes». A l'occasion de chaque interview, Ophuls avait en plus tourné un certain nombre de plans muets, qui pouvaient se classer en trois catégories : 1°) des plans de situation, souvent en extérieur, qui montraient le lieu où se passait l'interview ; 2°) des plans de coupe sur les personnes qui assistaient à l'entretien, quand elles étaient silencieuses (soit le ou les intervieweurs, soit l'interviewé ou son conjoint) ; 3°) des inserts, c'est-à-dire des plans sur l'environnement familier de la personne interrogée. Tous ces plans avaient été faits dans le seul but avoué de faciliter le montage. D'autre part, nous disposions d'un certain nombre de documents d'archives, photographiques et cinématographiques, que nous nous procurions au fur et à mesure de nos besoins. Ne sachant pas toujours exactement ce qui pouvait être utile, nous en sélectionnions beaucoup plus que nécessaire. Mais il s'avérait toujours, à mesure que le montage se précisait, que d'autres encore faisaient défaut.

Les rushes, sans compter les documents, représentaient environ cent quarante heures de film, c'est-à-dire dix-sept jours de visionnage. Heureusement, les tournages ont été étalés dans le temps, ce qui a permis d'en prendre connaissance progressivement. Personne, au départ, n'aurait osé imaginer que le matériel de ce film deviendrait aussi abondant, ni que le montage allait finalement en durer trois ans. Mais cette période recouvre surtout, plus que le montage proprement dit, un énorme travail de classement et de gestion du film. Initialement, celui-ci devait s'articuler autour du procès de Klaus Barbie, ancien gestapiste ayant sévi à Lyon. En attendant que ce procès ait lieu, Ophuls avait commencé un premier tournage aux États-Unis et en Amérique du Sud, avec les témoins des différentes époques de la vie de Barbie après guerre. Le procès ayant été retardé pour des raisons juridiques et politiques, Ophuls décida de continuer son tournage en Allemagne et en France, avec les anciens complices et les anciennes victimes de Klaus Barbie. Comme le procès ne venait toujours pas, il a été envisagé un montage du film sans procès. Mais les événements évoluaient en même temps que le travail en cours, rendant sans cesse caduc ce qui, dans la salle de montage, venait d'être fait.

Finalement, on peut dire que le tournage, comme le montage, a été étalé sur trois ans, puisque c'est à peu près le délai qui s'est écoulé entre le premier tournage en Amérique latine et le tournage tant attendu du procès. Entre ce premier et ce dernier «tour de manivelle», il y eut bien sûr de nombreuses interruptions, tandis que, dans la salle de montage, le travail se poursuivait, intégrant chaque élément nouveau qui y parvenait. Le véritable montage, lui, a duré environ six mois, avec deux équipes. Mais c'est grâce au travail d'organisation qui avait été effectué auparavant que ce film a pu être mené à son terme.

Toutes les interviews filmées en français, en anglais, en allemand et en espagnol avaient été retranscrites par des dactylos. En regardant les rushes, on inscrivait sur ces sténotypies les mouvements de caméra et les grosseurs de plans. De son côté, Ophuls procédait tout d'abord à une sélection dans les textes des interviews, pour ne conserver que ce qui l'intéressait le plus. La première opération du montage était donc de conformer la pellicule à ce premier choix.

En même temps, on établissait une liste de tous les thèmes abordés dans les entretiens filmés. Puis Ophuls visionnait les interviews raccourcies et commençait à établir sur le papier, en s'aidant de la liste des thèmes, une continuité qui réunissait et ordonnait des passages de cette sélection. Les indications reportées sur les sténotypies lui étaient, à ce stade, précieuses, car elles permettaient d'envisager certains raccords, sans pour cela visionner chaque fois tous les plans (n'oublions pas l'incroyable abondance du matériel). A nouveau, le montage intervenait pour concrétiser en un «ours», c'est-à-dire un bout-à-bout grossier, les intentions du réalisateur. On découvrait alors, naturellement, qu'une bonne partie de ce qu'avait prévu Ophuls, et qui paraissait se tenir parfaitement par écrit, était impossible à réaliser concrètement avec la pellicule. Parfois, on ne pouvait pas couper entre deux mots, qu'un protagoniste avait trop enchaînés. Parfois, il y avait, à l'image, des mouvements «parasites», ou bien c'était le débit, trop rapide ou trop lent, qui rendait un plan trop bref ou au contraire interminable... Mais enfin, c'était une base de travail, une direction à suivre qu'avait donnée le réalisateur, et qui permettait d'avancer dans la direction qui était la sienne. La caractéristique de ce film était en effet de n'avoir pas de scénario établi au préalable, et c'était donc la seule pellicule qui déterminait, autant pour le réalisateur que pour les monteurs, la marche à suivre.

Initialement, Ophuls avait pensé se servir du procès comme d'un «porte-manteau», selon sa propre expression, pour la construction du film. Il avait espéré tourner principalement à Lyon, pendant que se déroulerait le procès de Barbie, et profiter de ces séquences lyonnaises et des personnages qu'elles introduiraient pour «rebondir» sur d'autres tournages avec les mêmes personnages. Les reports successifs du procès l'ont finalement dissuadé de réaliser cette idée car, au moment où il eut enfin lieu, trop de pellicule avait été utilisée pour que l'on puisse songer à faire de ce dernier tournage à Lyon un élément majoritaire. Cette notion de «porte-manteau» reste néanmoins intéressante à signaler, car elle montre comment un cinéaste, empêché par son sujet même d'établir à

⑷

8. Ext. Mur de la Prison SAINT-JOSEPH

[Carton seul : HOTEL TERMINUS]

"PETITS CHANTEURS VIENNOIS" or "whatever"!!!

9. Ext. Rue entre les 2 murs de la prison

[Carton seul. ~~Un~~ Film ~~by~~ Whoever]

10. ACADEMIE DE BILLARD
P.R. de profil de
M. LEVY, s'apprêtant
à jouer
(P.2)

Il joue

LEVY : La vie de Barbie en elle-même ne m'intéresse pas. Ce qui m'intéresse, c'est ce qui va ressortir de son procès ... A toi de jouer.

Extrait de la première continuité établie par Marcel Ophuls.

11. ACAD. de BIL.

P.R. de Monsieur CRUAT

(P.8)

Il fait une moue, plus interrogative que méprisante.

CRUAT : Condamner quelqu'un au bout de quarante ans, de toutes façons... j'peux pas vous dire. J'ai pas bien d'opinion là-dessus, moi, parceque... en principe, dans les crimes... y'a... y'a prescription, au bout de 20 ans, je crois. Alors je trouve que quarante ans, ça fait beaucoup... et puis...

12. ACAD. DE B.

P.R. du Président VARLOT, assis sur

l'avance un scénario, peut articuler son travail sur ce qui est, au fond, une idée de montage.

Ce qui restait déterminé à l'avance, c'était évidemment le personnage principal, et une certaine idée de l'Histoire qu'avait Ophuls. Les principaux protagonistes, ainsi que la musique (des chansons populaires allemandes interprétées par les Petits Chanteurs de Vienne), ont été également choisis dès les tout débuts. De temps en temps, poussé par l'avancée des événements autour du procès ou par celle des recherches menées par Ophuls, un nouveau personnage surgissait, qui devait s'intégrer dans le film. Au montage, on créait une continuité en rassemblant des bribes d'entretiens qui abordaient le même thème. Une des priorités était que chaque propos établisse un lien, soit par la confirmation, soit par la contradiction, avec ce qui précède. Des personnages qui ne s'étaient jamais rencontrés, qui parfois même ne vivaient pas sur le même continent, semblaient ainsi se répondre. Ces dialogues, constitués au montage, devaient par leur vivacité compenser un peu l'austérité du sujet. L'intention était donc la qualité du spectacle, en aucun cas la «tricherie». Jamais, et Ophuls y était particulièrement attentif, nous n'avons laissé croire au spectateur que les différents protagonistes s'adressaient réellement les uns aux autres.

D'autre part, le retard pris par le procès a aussi engendré un inconvénient majeur, dont Ophuls n'a d'ailleurs pris conscience qu'après coup : tant que Barbie n'avait pas été jugé, le film ne pouvait pas se monter. Un certain recul était nécessaire pour tout le monde. Les témoins et victimes, en particulier, qui désiraient le procès, étaient souvent tentés de considérer le film comme un substitut, de confondre témoignage audiovisuel et témoignage juridique. Or, comme le disait souvent Ophuls, en aucun cas un film ne peut remplacer un procès. Car un procès, contrairement à un film, ne doit pas connaître de montage. Ce n'est pas que ce film-ci eût été, à cet égard, suspect. Mais, dans un État de droit, s'il s'agit de justice, tout film est suspect. En revanche, dès que Barbie a été jugé, le film a retrouvé la liberté de ton nécessaire, le goût de l'ironie qui est celui d'Ophuls, et qu'il ne pouvait pas ne pas transmettre au montage. L'histoire d'un montage est parfois aussi faite de ces choses...

Pour *Hôtel Terminus*, l'histoire du montage a aussi consisté en plusieurs passages de relais d'une équipe à une autre. On ne court pas mille mètres comme on en court cent, et il était sans doute nécessaire d'atténuer ainsi l'inévitable usure due au temps. Les personnes engagées pour six mois ne se préparent pas psychologiquement à «durer» trois ans sur le même film. Mais ce qui est remarquable dans ces changements successifs de monteurs, c'est que chacun, à des degrés divers, a pu concourir efficacement à l'accomplissement du film. En fin de compte, le montage définitif a été assuré conjointement par deux équipes. Cette configuration finale a été rendue possible par la nature et par la longueur du film. Il y avait, en effet, nous l'avons dit, quatre grands types de tournages, qui correspondaient aux différentes époques de la vie de Barbie, en même temps qu'à différents pays ou continents : un tournage français, un allemand, un américain et un sud-américain. Une équipe a donc pu s'occuper, en gros, des parties françaises et allemandes, qui correspondaient au début et à la fin du film (chronologiquement : allemande et française d'abord, avec la jeunesse de Barbie et son premier séjour à Lyon pendant l'Occupation, et française à nouveau, à la toute fin, avec son retour à Lyon pour y être jugé). En même temps, l'autre équipe prenait en charge les parties américaines et latino-américaines, qui retraçaient l'appartenance de Barbie après la guerre aux services secrets américains, puis sa fuite et son séjour en Bolivie et au Pérou. Nous n'aborderons qu'exceptionnellement le montage de ces deux dernières parties que nous connaissons moins bien.

Notre principal souci était d'éviter que ce film ne devienne un mauvais film de télévision, dans le sens le plus péjoratif que cela peut revêtir. C'est-à-dire que nous ne voulions en aucun cas utiliser les sautes dans le plan, images gelées, fondus enchaînés, noirs, blancs, etc. souvent employés à la télévision pour cacher la pauvreté des tournages et des montages. Le tournage d'Ophuls n'était pas pauvre, bien au contraire, mais la richesse même du matériel faisait qu'à chaque coupe surgissait un problème. Il y avait d'innombrables opportunités de faire succéder un plan à un autre, mais il était d'autant plus difficile de trouver la bonne, celle qui ferait que le récit s'enchaîne avec fluidité, simplicité, et une certaine jubilation. Nous ne voulions pas davantage céder à la facilité de monter simplement un des plans de coupe tournés par Ophuls, s'il n'était pas absolument justifié par le récit. Si un plan a pour seule fonction d'établir un pont entre deux autres plans, parce que ceux-ci ne s'enchaînent pas harmonieusement, alors son manque d'utilité propre le condamne finalement à affaiblir toute une séquence.

Par exemple, dans la séquence des époux Aubrac, au début du film, nous avons un plan rapproché de Raymond Aubrac écoutant une question de Marcel et répondant «oui», suivi d'un plan large où, aux côtés de sa femme, il donne l'entier de sa réponse. Cette simple succession du plan rapproché et du plan large, qui semble naturelle, n'a pas été trouvée aussi facilement qu'il y paraît. Le plan rapproché de Raymond Aubrac appartient en fait à un autre moment de l'interview, où nous sommes allés le chercher. Le plan large des époux Aubrac, quant à lui, contenait initialement les textes suivants : d'abord la question *off* de Marcel : «Ils vous ont relâché sans savoir que vous étiez résistant, est-ce qu'ils vous ont aussi relâché sans savoir que vous étiez juif ?» puis une ou deux phrases de Raymond Aubrac, qui amorçait une réponse, et ensuite cette phrase de Raymond, répondant enfin clairement à la question posée : «Barbie et la Gestapo n'ont jamais su que j'étais juif.» Pour des raisons de rapidité, nous avions donc besoin de supprimer les phrases intermédiaires d'Aubrac, afin de faire suivre immédiatement la question de Marcel par ce qui était sa véritable réponse. Si nous nous étions bornés à éliminer ces phrases, la coupe à l'intérieur du plan large aurait été totalement impossible, selon notre conception du montage. C'est la raison pour laquelle nous avons utilisé le plan rapproché, qui raccordait avec le plan large, et dans lequel Aubrac, silencieux, semblait écouter la question de Marcel, montée *off* sur ce plan. Le plan rapproché était, d'autre part, justifié par le fait que notre personnage finissait par dire oui, ce qui répondait également à la question. Cependant, le temps de silence d'Aubrac n'était pas suffisant pour que la question de Marcel y tienne en entier. Nous avons alors monté la première partie de la question sur la fin de la séquence précédente, qui se déroulait dans une académie de billard à Lyon. L'image, sur laquelle on entend à présent la voix de Marcel, montre des boules de billard qui s'entrechoquent. Ensuite, la seconde partie de la question se poursuit, comme nous l'avons dit, sur le visage d'Aubrac.

A partir de ce simple point de montage, nous pouvons faire plusieurs commentaires. Tout d'abord, il faut souligner qu'il ne s'agit pas là d'une manipulation falsificatrice. Nous n'avons fait que resserrer la réponse de Raymond Aubrac, nous ne l'avons pas transformée. Cent fois, mille fois au cours de ce film, nous avons eu la possibilité de faire répondre non à quelqu'un qui répondait oui, de supprimer une négation, ou simplement de ne pas laisser un personnage s'exprimer totalement. En l'occurrence, pécher par omission peut être aussi grave que par substitution. Parfois, quelques «tours de passe-passe» auraient bien simplifié notre travail. Tout montage suppose manipulation, mais c'est dans l'attitude du réalisateur et du monteur que réside la possibilité d'en faire surgir la vérité ou le mensonge. D'autre part, il nous faut insister sur le choix opéré. La solution qui a été retenue pour éliminer les phrases superflues demandait plus de recherches que la simple utilisation d'un plan de coupe. Nous pouvions évidemment monter un plan d'écoute sur Lucie Aubrac alors que la question s'adressait à Raymond, ou un insert sur un détail de leur appartement parisien alors qu'il était question de la Gestapo lyonnaise. L'usage d'une image de Raymond Aubrac attentif n'était pas seulement plus logique, le fait qu'il dise oui en plan rapproché créait aussi une tension supplémentaire. Maintenant, si l'on regarde attentivement le passage du plan rapproché au plan large, on s'aperçoit que Raymond Aubrac n'y a pas rigoureusement la même position. C'est une confirmation de plus de la priorité de l'intérêt dramatique sur la simple exactitude des raccords. Enfin, concernant le montage final et le raccourci dans le passage d'une séquence à l'autre (du billard aux Aubrac), on peut mentionner qu'il possède un triple avantage :

1°) il atteint le but que nous nous étions fixé : une certaine rapidité ;

2°) il crée un élément de surprise, quand on découvre que la question ne s'adresse pas à un joueur de billard lyonnais, mais à Raymond Aubrac ;

3°) il suggère une association entre l'idée d'une arrestation et la brutalité du choc de deux boules qui tournoient sur un tapis.

Ce qui montre bien que jamais un obstacle ne doit être contourné, mais au contraire franchi pour aller plus loin, et que la seule règle du montage est de toujours transformer nécessité en vertu.

Raymond et Lucie Aubrac sont des grands résistants. Raymond a été arrêté et torturé par Barbie, et sa femme Lucie a réussi à le délivrer. Dans la suite de la séquence, Raymond Aubrac raconte les sévices qu'il a subis. Nous avons alors utilisé, pour monter ce récit, que nous avons également raccourci, des plans tournés par Ophuls dans la prison lyonnaise de Fort Montluc. C'est dans cette prison que la Gestapo enfermait ses victimes pendant la guerre, et c'est là aussi que Barbie, symboliquement, a été détenu pendant les quelques jours qui ont suivi son extradition et son retour en France en 1983. Il était donc logique de voir les couloirs de Montluc lorsque Raymond Aubrac évoquait son arrestation. Mais ces plans avaient été tournés par Ophuls en complément d'une autre interview : celle du gardien-chef Schmidt, qui avait côtoyé Barbie au cours du séjour de celui-ci dans une cellule de Montluc. Les plans de coupe étaient ainsi souvent exportés d'une séquence à l'autre, où ils acquéraient finalement plus de force que dans leur environnement d'origine. Nous ne voulions pas utiliser dans le film le même plan à plusieurs reprises, car cela aurait donné une impression de pauvreté et de redite. Chaque fois que nous faisions ainsi voyager un plan de situation comme celui des couloirs de Montluc, nous nous privions donc de la possibilité de l'employer avec l'interview pour laquelle il avait été tourné. Mais il est souvent plus intéressant de montrer ce dont on parle, ou ce que l'on suggère, que de décrire simplement les lieux dans lesquels les personnages s'expriment. Ce chassé-croisé des plans muets a donc été, sinon la règle, du moins un cas de figure des plus répandus au cours du montage de ce film.

Les documents aussi nous aidaient à donner au récit la précision et la concision nécessaires. Très souvent, nous étions guidés par le son, sur lequel nous pouvions aisément faire un travail de «nettoyage», par la suppression des hésitations, des redites, et l'inversion de certaines phrases, qui dans un ordre différent s'enchaînaient plus logiquement. Tantôt nous conservions l'image synchrone avec le texte, et tantôt nous cherchions des images supplémentaires qui nous permettent de placer *off* les dialogues nettoyés. Il fallait, à chaque fois, trouver une image qui non seulement soit en rapport avec la parole, mais aussi qui, en quelque sorte, éclaire celle-ci. Ainsi, une photographie des Aubrac tout jeunes nous permettait de marquer une rupture entre le récit de l'arrestation déjà mentionnée de Raymond, et celui d'une arrestation antérieure, pour «marché noir», que Lucie retraçait ensuite. Le mouvement fait au banc-titre, partant du visage de Raymond et élargissant le cadre pour découvrir Lucie souriante à ses côtés, suivait exactement la narration. A propos de l'arrestation de Raymond Aubrac nous était en effet dévoilé le rôle joué par Lucie, qui s'était déjà, lors de cette première incarcération de son mari, attachée à le faire libérer. Elle prend donc la parole, et nous la voyons à l'image raconter qu'elle s'était servie d'un message codé de la B.B.C. pour intimider le procureur dont dépendait le sort de Raymond. Le récit de Lucie Aubrac était ici parfaitement limpide. Nous n'avions besoin de toucher ni au son ni à l'image. Nous avons cependant monté, au beau milieu de ce discours, deux plans d'archives montrant des familles françaises qui écoutent la B.B.C. pendant la guerre. La voix de Lucie se poursuivait, entremêlée, sur la durée du plan de cinémathèque, au fameux indicatif de Radio-Londres.

Dans *The Technique of Film Editing,* Karel Reisz donne en exemple une scène de *Naissance d'une nation* (film muet tourné en 1915 par

D. W. Griffith) : une mère explique à son fils blessé qu'elle ira voir le président Lincoln pour intercéder en sa faveur auprès de lui. Griffith utilise un intertitre et un plan de Lincoln à son bureau. Reisz dit que c'est là une solution plus élégante qu'un intertitre seul, mais que l'apparition du cinéma parlant a rendu ce procédé inutile. Le dialogue permet non seulement de se passer d'intertitre, mais aussi d'évoquer Lincoln sans le faire voir. On ne peut certes pas dire qu'*Hôtel Terminus* n'est pas un film parlant ! Mais la présence inflationniste de la parole appelle ici la même solution que son absence : on ne peut pas montrer uniquement des «têtes parlantes», il faut de temps en temps donner à voir ce dont elles parlent. Cependant, ce procédé n'est pas seulement illustratif (il ne l'était pas davantage chez Griffith) : l'effet est tantôt dramatique, tantôt comique. Parfois il éclaire, souvent, dans le cas des documents d'archives, il fascine par la fulgurance avec laquelle il nous renvoie plus de quarante ans en arrière, quand le poste de T.S.F. trônait dans les salons à la place de la télévision, et qu'une partie de la France tendait l'oreille.

Au cours d'un film, le monteur est fréquemment confronté à ce choix : montrer ou non ce dont il est question. Dans *Garde à vue* de Claude Miller, il a été finalement décidé de monter un plan de l'assassin recherché depuis le début du film, au moment où la découverte d'un cadavre dans sa voiture le désigne comme tel. Ce plan n'était pas, dans le scénario, prévu à cet endroit. C'était un «double» pris dans une séquence du début du film, où l'assassin non encore démasqué venait signaler au commissariat le vol de son véhicule. Placé à la fin, il intervenait comme un flash-back. Mais surtout nous éprouvions le besoin de revoir le visage à peine aperçu de cet homme, à partir du moment où nous était révélée sa véritable personnalité. Il incarnait le soulagement que nous procurait la découverte de l'assassin, et la confirmation de l'innocence de Martinot (Michel Serrault). A l'inverse, nous avions dans *Mélo* d'Alain Resnais un très long plan (8 minutes) d'André Dussollier, au début du film. Il racontait comment, au cours d'un concert, alors que sur la scène il jouait du violon, il avait vu dans la salle sa maîtresse échanger un regard avec un autre homme. On aurait pu, bien sûr, et beaucoup de cinéastes l'auraient fait, illustrer ce récit par un ou plusieurs plans de concert. Resnais n'a même pas tourné ces plans, car la gageure de la séquence était de tout suggérer par le texte et la qualité du jeu de l'acteur. La seule sécurité que Resnais s'était ménagée consistait en des plans d'écoute sur Sabine Azéma et Pierre Arditi. Mais le pari était si bien tenu que nous n'avons pas été tentés un seul instant de monter ces plans.

Hôtel Terminus comprenait une telle abondance de discours, énoncés non par des comédiens, mais par des personnages tenant leur propre rôle et parlant de leur propre vie, que le pari s'inversait : il fallait autant que possible concrétiser les récits. Lucie Aubrac explique que la diffusion du message de la B.B.C. dépendait des conditions atmosphériques, car celles-ci commandaient le décollage des avions britanniques ainsi annoncés par la voix des ondes. Nous voyons alors des images d'archives de ces avions, et le récit se transporte d'un aspect de la guerre à un autre, de la résistance française au combat de l'aviation britannique. Tout à coup, nous sommes en Angleterre en 1942 ou 43, et ce voyage dans l'espace et dans le temps nous ravit. Un petit avion vole dans un ciel d'aube. La silhouette d'un soldat se détache en contre-jour. Il surveille le vol et regarde sa montre. Lucie Aubrac, interrogée par Marcel, parle toujours sur ces images, et son discours s'incarne très concrètement dans ces gestes simples et émouvants. On revient dans l'appartement des Aubrac pour voir Lucie souriante conclure son histoire, et nous retournons aux avions. Cette fois, nous entendons vrombir un moteur. En gros plan une hélice tourne. De son cockpit, le pilote anglais jette un regard vers nous, et le petit avion s'élève dans le ciel. Le son se poursuit sur un lent panoramique tourné par Ophuls. Le plan, très large, est pris d'une des collines lyonnaises, et montre la ville qui s'étend plus bas, autour du fleuve. Nous avons l'impression que c'est du haut de l'avion précédent que nous la découvrons. Cette sensation tient principalement, autant qu'au chevauchement sonore, au fait que l'avion anglais était suivi dans un panoramique allant dans le même sens et à la même vitesse que celui du plan lyonnais. Le passage du noir et blanc à la couleur ne fait pas obstacle à cette liaison des deux plans ; il n'est qu'une raison de plus de nous émerveiller. Le ronflement du moteur d'avion meurt doucement, et une autre voix prend le relais : celle de Daniel Cordier, ancien secrétaire de Jean Moulin, qui raconte comment, venant de Londres, il a été parachuté sur Lyon. Nous pouvons alors passer, dans un autre appartement parisien, à l'interview de Daniel Cordier. Ce sont donc les images d'archives qui nous ont menés d'une séquence à l'autre, des Aubrac à Cordier. Le franchissement des quelques pâtés de maisons qui séparaient un appartement parisien d'un autre, et des quelques jours écoulés entre le tournage d'une interview et celui d'une autre interview, a été opéré grâce à un «voyage» à Londres en 1942. Par la vertu du montage, les distances ainsi franchies paraissent moins grandes de ce détour. Tout se touche, tout est proche : les Aubrac et l'avion britannique, l'avion britannique et Daniel Cordier.

Souvent, les documents d'archives nous ont servi pour établir le climat d'une époque, faire passer, dans le récit du film, un temps correspondant à une période de la vie de Barbie pour laquelle il n'y avait pas d'autre image. Au début du film, Peter Minn nous raconte que son ancien camarade de classe Klaus Barbie l'aidait dans ses devoirs de mathématiques. Cette anecdote sur les dons respectifs de Barbie et de Minn provoque les rires de Marcel et de son interlocuteur. Nous passons alors à des images d'archives de manifestations nazies dans une petite ville d'Allemagne, qui pourrait être Trier (Trèves), où Barbie vivait à l'époque. Nous entendons les cris enthousiastes de la foule, bientôt relayés par la voix d'Ophuls lisant une rédaction du jeune Klaus. Ce dernier retrace les événements de cette période, indiquant qu'elle comprend pour lui à la fois la douleur avec la mort de son père, et la joie avec la montée du national-socialisme. Puis apparaît une fanfare nazie. Nous entendons sa musique martiale et les paroles violemment nationalistes qui l'accompagnent. Une autre chanson, beaucoup plus légère, s'enchaîne à celle-ci. Elle provient de l'extrait d'un film musical allemand, dont les images, contemporaines des défilés nazis, viennent remplacer ceux-ci. Deux hommes et une femme cassent des œufs dans une cuisine, en chantant qu'ils voudraient être des poules, pour n'avoir pas d'autre travail que celui de pondre un œuf. Nous passons alors au bref discours d'un évêque, assis aux côtés d'un dignitaire nazi : «Dieu bénisse notre église, Dieu bénisse notre patrie bien-aimée», et il serre la main du dignitaire. Un autre évêque sort d'une église, entouré de toute une escorte de nazis en uniforme. Il fait le salut hitlérien. Nous entendons *off* un discours de Goebbels. Il affirme que l'Allemagne a su se doter, sans avoir recours aux Juifs, d'une forte culture nationale dans tous les domaines. A l'image, Goebbels remplace l'évêque précédent, et termine *on* son discours. Le montage de cette séquence évoque fidèlement le climat de cette période, mais il y introduit en même temps une dimension critique. La succession des sons, des voix et des musiques permet de passer tout naturellement d'un élément à l'autre, et leur réunion même prend un caractère dérisoire, fait naître l'ironie sans avoir pour cela besoin d'aucun commentaire. L'enchaînement de la chanson nazie à la comédie musicale est, à cet égard, caractéristique : la légèreté de la seconde relève immédiatement la lourdeur emphatique de la première, et les paroles des deux s'associent dans la même absurdité.

Cette même chanson «de l'œuf» est reprise un peu plus tard dans le film. Cette fois, elle est montée *off* sur des photographies d'archives montrant les occupants allemands à Lyon. Nous reportons naturellement sur cette deuxième audition les impressions que nous avions éprouvées lors de la première. L'écart que nous avions ressenti entre les prétentions culturelles avancées par Goebbels et la puérilité de la comédie musicale de l'œuf est immédiatement transféré sur ces photographies d'Allemands aux allures martiales qui flânent simplement dans les rues, font leurs emplettes ou assistent aux courses de l'hippodrome lyonnais. Et cela, dans une ville française, nous paraît inconvenant, scandaleux, barbare. La gaieté même de cette chanson, son allure enjouée prennent à nos oreilles une tonalité grinçante, et, lorsque la dernière photographie nous révèle une rafle de Juifs en gare de Lyon-Perrache, nous n'éprouvons aucune surprise à constater que la musique, toujours sautillante, a pour nous des accents désespérés.

Il existe plus tard dans le film, dans la partie montée par Catherine Zins, une transformation analogue de la musique, ou plutôt de la manière dont nous la percevons. Un journaliste français installé à La Paz, Albert Brun, nous livre ses remords d'avoir «persécuté» Klaus Barbie pour l'identifier. Il raconte avec quelle courtoisie celui-ci se prêtait aux séances de photographies qui lui étaient demandées. En particulier, Albert Brun a pris des clichés de Barbie se promenant dans les rues de La Paz, de Barbie se faisant cirer les chaussures, de Barbie jouant du piano. Nous voyons ces photos et, en même temps que nous entendons le récit complaisant d'Albert Brun, un pianiste amateur commence *off* une interprétation hésitante de la sonate *Pathétique* de Beethoven. Dans ce contexte, cette musique a donc peu de chances de nous émouvoir. Brun poursuit en déplorant les tracas infligés à la femme de Barbie par ce harcèlement journalistique. Il s'attendrit sur le sort de l'ancien gestapiste, et conclut par ces mots : «Nous lui avons tué sa femme.» Ironiquement, le piano symbolise alors pour nous le «coup de violon» que nous joue le journaliste. Serge et Beate Klarsfeld, les célèbres «chasseurs de nazis», apparaissent alors pour nous parler de Mme Halaunbrenner, dont le mari a été tué par Barbie et trois des enfants déportés sur les ordres du même. La musique se poursuit pendant ces interventions, et nous découvrons Mme Halaunbrenner pleurant entre les deux enfants qui lui restent. La *Pathétique*, enfin, le redevient réellement. En un instant, cette musique change pour nous de sens, ou plutôt, quittant le second degré ironique, nous l'accueillons enfin, et acceptons simplement le désespoir qu'elle recèle.

L'analyse que nous faisons de cette séquence ne doit pas dissimuler le fait que jamais les choses ne se présentent aussi facilement au montage. Cette limpidité est le fruit de beaucoup de recherches, de tâtonnements et d'erreurs. Cette simplicité est ce qu'il y a de plus complexe à obtenir. L'usage de la sonate *Pathétique* qu'a fait ici Catherine Zins n'était pas prévu. Mais ce n'est pas non plus une quelconque théorie sur le rôle de la musique qui a pu, en l'occurrence, guider la monteuse. Cette séquence existe de cette façon parce que les éléments fournis au montage le permettaient. Elle est donc, tout d'abord, le reflet du talent de Marcel Ophuls et des choix qu'il avait opérés, tant dans son tournage et la recherche des documents d'archives que dans l'enregistrement du morceau de piano. Elle est née ensuite de la façon dont Catherine s'est laissé guider par les images et les sons, et dont elle a su, elle aussi, opérer un choix dans la multitude de ceux dont elle disposait.

Le film comprenait, par ailleurs, des problèmes de construction plus généraux. Le récit de l'arrestation de Jean Moulin à Caluire, par Barbie ou sur les ordres de Barbie, était pour plusieurs raisons difficile à mener. En premier lieu, il risquait de nous entraîner un peu trop loin de Barbie. L'exposé complet de tous les mystères qui entourent ce coup de filet historique nécessitait en effet d'entrer dans le détail de ses circonstances. En second lieu, aucun des survivants du drame ne retraçait celui-ci, dans les interviews, de façon suffisamment claire, rapide et directe. Pour ces raisons, il avait été tenté un moment de reporter la séquence «Caluire» à la fin du film, lorsque cet épisode était évoqué au procès. Ce déplacement permettait de mieux axer la première partie du film sur Barbie, qui était quand même notre personnage central. On ne pouvait s'en écarter dès le début. Mais retarder le récit de Caluire ne résolvait pas véritablement nos problèmes. D'une part, on avait l'impression, quand il intervenait dans la dernière partie, d'un retour en arrière trop important pour sembler une simple parenthèse. Après quelque trois heures de film, il était dangereux de sembler repartir du début et, à ce stade, les circonstances de l'arrestation de Jean Moulin ne nous intéressaient plus. D'autre part, la façon dont cette arrestation était rapportée par les témoins n'était pas améliorée par ce simple déplacement. Nous avons finalement décidé de faire réintégrer à cette séquence la place qui lui avait été initialement dévolue. Nous servant de l'introduction de Daniel Cordier, qui avait évoqué sa dernière rencontre avec son ancien patron, et du fait que nous connaissions déjà Raymond Aubrac, arrêté en compagnie de Jean Moulin, nous avons pu «ouvrir» la séquence Caluire à un moment du récit où elle pouvait s'intégrer. En plus des témoignages de Raymond Aubrac et de sa femme, nous avions celui du Dr Dugoujon, dont la maison de Caluire, prêtée pour une réunion exceptionnelle des chefs de la Résistance, avait été le théâtre du drame. Ophuls avait donc interviewé Dugoujon, et profité de la circonstance pour tourner un certain nombre de plans muets de sa maison, de la place de Caluire sur laquelle elle se dresse, et du cabinet médical où les hommes de la Gestapo avaient trouvé Jean Moulin et ses compagnons. Nous disposions aussi de deux interviews d'archives, réalisées en 1972 et en 1983, de René Hardy, également arrêté à Caluire, et traître présumé. Hardy avait été jugé deux fois, et nous avions de plus, sur les deux procès, de nombreux documents : des photos dans l'enceinte du tribunal, des articles des journaux de l'époque et une séquence filmée des Actualités françaises. Nous pouvions encore utiliser des passages de l'interview de Claude Bourdet, journaliste et grand résistant, qui n'avait pas été arrêté à Caluire, mais était suffisamment proche de tous les protagonistes pour avoir un point de vue motivé. Enfin, Ophuls avait tourné un entretien avec Claude Bal, dont le film *L'Amère Vérité*, sur les mystères de Caluire, avait provoqué une importante levée de boucliers dans les milieux d'anciens résistants, et suscité plusieurs procès en diffamation. Claude Bal avait aussi interviewé René Hardy et suggérait que celui-ci avait agi sur ordre.

Nous avons tout d'abord cherché à monter un récit de cette arrestation qui soit le plus clair et précis possible, qui établisse concrètement où, quand et comment les événements s'étaient déroulés. Il nous est alors apparu que les éléments qui, pris séparément, semblaient confus s'éclaircissaient dès qu'on en réunissait les passages adéquats. C'était d'autant plus surprenant que les différents témoignages étaient contradictoires, voire polémiques, compte tenu des accusations portées contre René Hardy et de celles d'«imprudence» qu'il retournait à ses anciens caramarades. La confrontation directe des différentes versions, jusque dans la description des lieux et des gestes, permettait non seulement de mener le récit avec rapidité et précision, mais aussi de conserver intacte l'importance de la polémique et de situer clairement les positions de ses différents acteurs. Tout avançait de front : une histoire policière, pourrait-on dire, et les questions qu'elle soulevait, les interprétations et les commentaires contradictoires qu'elle suscitait. Le passage qui nous semble le plus significatif est celui où, dans le même mouvement, nous quittons René Hardy en 1972 pour le retrouver en 1983. En 1972 Hardy, se défendant de l'accusation de trahison, explique à quel point la suspicion dont, malgré ses deux acquittements, il est toujours entouré a infléchi le cours de son existence. Il se recule dans son fauteuil, et semble continuer ce mouvement en 1983 quand, presque grabataire et à moitié clochardisé, il s'allonge sur son lit. Sa voix de 1972 se poursuit un instant pour affirmer que «la mesure est comble». Puis, en réponse, onze ans plus tard, à la même question, que nous n'entendons pas, sur sa culpabilité supposée, René Hardy reprend en 1983 les accusations de «bavardages» qu'il a toujours portées sur ses anciens compagnons.

Un cas de figure similaire s'est produit avec l'interview de Nicole Gompel. Le père de cette jeune femme a été arrêté comme juif dans une rafle de la police française, et torturé comme résistant par Barbie. Elle n'apportait donc qu'un témoignage indirect, qui s'intégrait mal dans notre galerie de portraits des vraies victimes et des vrais acteurs de cette époque. Nous ne pouvions, cependant, renoncer à utiliser cette interview très émouvante qui, de plus, mettait parfaitement en relief le rôle joué sous l'Occupation par la police française. Nous disposions par ailleurs de l'interview d'un autre personnage : l'Alsacien Armand Zuchner, ancien auxiliaire de police, employé par les services de Barbie comme «traducteur». Zuchner raconte qu'il faisait le recensement des arrestations, et tente de se justifier en énumérant les personnages importants qu'il a pu faire libérer quand la fin de l'Occupation se dessinait déjà. Sa mauvaise foi est mise en lumière par Marcel, qui n'hésite pas à exercer sur son interlocuteur une certaine ironie. Pour cette raison, l'interview de Zuchner était intéressante, instructive, mais aussi assez drôle, pleine d'une dérision grinçante. Cependant, la façon dont le personnage tentait avec ténacité de minimiser son rôle faisait de cette séquence un épisode mineur. Comme Zuchner, de plus, avait une fâcheuse tendance à sauter du coq à l'âne, son intervention risquait, en dépit de ses nombreuses qualités, d'affaiblir un peu la partie du film dans laquelle elle s'insérait. La solution finalement adoptée a été de monter conjointement les témoignages, pour le moins contrastés, de Nicole Gompel et d'Armand Zuchner. Cette opposition donnait force à l'une comme à l'autre des deux interviews. L'évocation par Zuchner des différentes mentions qu'il portait sur ces dossiers : «Résistant, Marché noir, Juif, euh...» prend, jusque dans l'hésitation finale, un sens terrifiant lorsque, à la suite, Nicole Gompel raconte la rafle, au cours de laquelle son père s'est spontanément porté du côté des Juifs. Le récit «bonhomme» des relations respectueuses qu'entretenait l'Alsacien avec Klaus Barbie est presque insoutenable après que la jeune femme nous a exposé l'incroyable martyre subi par son père. Et lorsque, finalement, Marcel insiste sur la propension de Zuchner à faire libérer les prisonniers les plus «riches et célèbres», c'est à travers l'admiration des compagnons de cellule du professeur Gompel pour la digne agonie de celui-ci que nous pouvons, nous aussi, user sur Zuchner de la seule arme que l'émotion nous laisse : l'ironie.

Le travail de montage de ce film était considérable, pas tant à cause de l'abondance du matériel qu'à celle de sa qualité. On aurait voulu tout garder ! Les interviews étaient menées par Marcel avec une aisance et un naturel vraiment remarquables. Elles pouvaient être très polémiques. Parfois, comme c'était le cas par exemple avec Armand Zuchner, l'intervieweur ne dissimulait pas son hostilité, mais toujours il laissait ses interlocuteurs s'exprimer pleinement. Marcel faisait preuve d'un respect pour la parole de l'autre qui n'excluait pas une prise de position marquée dans la sienne, et chacun adoptait alors le ton de ses propres positions. La qualité du dialogue atteignait ainsi celle d'un texte de fiction, sans la raideur journalistique qui est souvent la marque des films d'interviews, et sans jamais avoir recours à un seul mot de commentaire. Les personnes interrogées devenaient de vrais personnages de film, et non de simples témoins, et le film y puisait en retour une qualité de spectacle et d'émotion qui semblait découler naturellement des thèmes abordés. Le grand nombre de personnages (plus de quatre-vingts) permettait aussi des ellipses fulgurantes, des raccourcis saisissants. On passait d'un moment du récit à un autre avec une grande simplicité, sans artifice, mais aussi sans «ronronnement». Qu'importe, alors, que le montage ait parfois suivi les continuités établies par Ophuls, qu'il s'en soit parfois détaché, qu'il ait, par moments, proposé d'autres constructions ou bâti à neuf certaines séquences ? Comme *Le Miroir* de Tarkovski, *Hôtel Terminus* ne pouvait pas ne pas se monter. Et l'on s'interroge sur le désir, souvent formulé par Marcel, de filmer, non pas des documentaires, mais de vraies fictions : n'est-ce pas, finalement, toujours ce qu'il fait ?

LE SON ET L'IMAGE

« Pendant l'été 85 une idée de film m'est venue que j'ai trouvée charmante. Mon désir était d'aller vers le film muet et je voulais travailler pendant de longs passages sans dialogue et sans effets d'accoustique. J'entrevoyais ainsi une possibilité de rompre enfin avec le bavardage de mes précédents films. »

INGMAR BERGMAN

Depuis 1929, le cinéma est sonore. Nous devons donc en tenir compte, même si nous avons la nostalgie du cinéma muet. Imaginons qu'on fasse de nos jours un film muet : il y faudrait beaucoup d'imagination et d'audace pour qu'il soit accepté par les spectateurs. Dans le montage d'un film, c'est certainement la combinaison de l'image et du son qui présente le plus de difficultés. On ne peut pas monter sans le son, car sa présence est telle qu'elle accélère ou ralentit un plan, une séquence. La première expérience à faire pour s'en convaincre est de comparer la longueur d'un plan non dialogué (juste avec une ambiance) monté muet et monté sonore : on ne le coupera pas à la même longueur dans les deux cas. Car la durée du plan sera ressentie différemment s'il y a conjugaison de l'image et du son. Ce n'est donc ni l'image séparée ni le son séparé qui peuvent déterminer à quel moment il faut couper.

Le son donne une continuité à l'action, qu'elle ne pourrait pas avoir avec l'image seule. C'est le son qui nous fait comprendre si deux images qui se suivent doivent être vues en association ou en dissociation. Par exemple, un bruit commençant sur l'extérieur d'une maison, puis se prolongeant sur l'intérieur signifie que nous sommes dans un même lieu. Ainsi, en se servant d'un son continu sur une séquence, on peut créer une continuité harmonieuse qui n'existe pas dans les images seules. On sait bien que le ciment du vidéo-clip, c'est la musique. A preuve, les vidéo-clips n'ont pour objet que de promouvoir des chansons. Si l'on supprime cette chanson, on voit immédiatement que les images ne tiennent pas ensemble. Naturellement, c'est là un cas extrême, mais il n'en reste pas moins que le son rend acceptables certains raccords douteux et crée un lien, une transition entre deux séquences.

Si l'on monte *off* un son pris au hasard sur une image quelconque et si l'on mène cette expérience sur une séquence de quelques minutes, il y a toutes les chances pour qu'une correspondance finisse par s'établir. Resnais s'amusait beaucoup, à l'époque où il faisait des courts métrages, à mettre la bande sonore d'un documentaire sur l'image d'un autre, et à observer les rencontres fortuites qui pouvaient se produire. Le résultat n'était jamais triste ! L'idée n'était pas seulement facétieuse : elle faisait partie d'une réflexion sur les moyens de l'expression cinématographique.

Le son *off* dans une séquence dialoguée doit être utilisé pour renforcer la signification de cette séquence. Si nous coupons «face à face» l'image et le son, nous ne faisons que redoubler à peu près les mêmes informations. Il est préférable de chercher à utiliser les dialogues de façon à faire voir quelle est la réaction du personnage auquel ils s'adressent. Par exemple, quand le héros dit : «Ne pouvez-vous voir ce que j'essaie de vous dire ? Je vous aime», si nous coupons face à face l'image et le son, nous n'aurons qu'une seule vision de cette phrase. Mais si, au contraire, nous coupons l'image du héros après : «j'essaie de vous dire ?», et que nous continuons la phrase *off* : «Je vous aime» sur le visage de l'héroïne, nous aurons aussi la réaction de celle-ci à cette déclaration. Cet exemple ne signifie pas qu'il faille toujours mettre *off* «Je vous aime». Il y a d'autres possibilités qu'il faudrait explorer avant d'adopter la plus intéressante. De toute façon, «Je vous aime» s'adresse à l'héroïne, ce qui justifie qu'on la voie.

Il y a toujours des associations possibles entre une image et un son *off*. Si l'on veut user du son *off* pour guider la compréhension et l'émotion du spectateur, il ne faut donc pas laisser le moindre flottement s'installer. Prenons un exemple : une actrice, filmée en plan rapproché, déclame les vers de Corneille :

« Rome l'unique objet de mon ressentiment !
« Rome, à qui vient ton bras d'immoler mon amant !
« Rome qui t'a vu naître, et que ton cœur adore
« Rome enfin que je hais parce qu'elle t'honore !»

Dans ce plan, l'actrice est filmée de façon que l'on ignore où elle se trouve. Sur le deuxième vers, nous passons à un plan de désert, que traverse un kangourou. Ce deuxième plan, qui n'a aucun rapport avec les paroles de l'actrice, surprendra le spectateur, il est probable qu'il le déroutera complètement. Le spectateur pourra même se demander si sous la peau du kangourou ne se cache pas l'amant en question. Mais si, sur le troisième vers, nous passons à un plan plus large de l'actrice, qui nous permet de découvrir le paysage, et si ce paysage correspond à celui entrevu au deuxième vers, le spectateur pourra comprendre que cette actrice déclame des vers de Corneille dans un désert d'Australie. Maintenant, si l'actrice ne se trouve pas dans un paysage désertique et si la présence du kangourou n'est pas justifiée, il n'y aura qu'incompréhension de la part du spectateur, qui se demandera toujours ce que venait faire cet animal au milieu d'un vers de Corneille. A contrario, si on place *off* au milieu de ces vers une vue de Rome quelle qu'elle soit, à partir du moment où elle est identifiable, représentative de Rome, il n'y aura aucune explication à fournir qui ne soit déjà dans les vers de Corneille. Cette association de l'image et du son est si évidente, elle se produit de façon si spontanée que, si à l'image on remplace Rome par une ville quelconque, le spectateur croira quand même que c'est de Rome qu'il s'agit. Cela à condition, bien sûr, que le plan ne montre pas la tour Eiffel ou l'Empire State Building ! Il faut être très vigilant à l'égard de ces associations spontanées, et très rigoureux quant à l'exactitude de ce que l'on donne à voir. Le danger de manipulation ou de détournement existe aussi en fiction, et il est très facile d'entraîner, même sans le vouloir, le spectateur sur de fausses pistes. Il n'y a pas, en la matière, de petite et de grande rigueur : la rigueur n'est pas divisible.

Ce n'est pas parce qu'un plan a été tourné synchrone qu'il doit le rester jusqu'à la fin du film. Il ne faut pas être prisonnier du son. Il est souvent plus intéressant de le dissocier de l'image, d'utiliser l'un et l'autre en relais plutôt qu'en simple parallèle. C'est une erreur que d'être trop respectueux de la bande sonore, telle qu'elle se présente dans les rushes. Le cinéma, contrairement à la vidéo, utilise deux bandes séparées pour l'image et pour le son. Il permet ainsi une grande souplesse dans le traitement de l'un par rapport à l'autre. On peut non seulement monter un son *off* sur une image différente de celle avec laquelle il a été tourné, mais aussi déplacer un son à l'intérieur même d'un plan sychrone. Par exemple, un personnage parle de face, puis, toujours en parlant, il se déplace de dos et revient à nouveau de face. Il est possible de déplacer, de changer ou de supprimer la partie du dialogue prononcée de dos. De la même façon, un son *off* dans les rushes pourra toujours, au cours du montage, être déplacé à l'intérieur d'un plan, d'un plan à un autre, ajouté à un endroit différent, ou simplement éliminé. En fait, dès lors que l'on ne voit pas à l'image la source d'un son, celui-ci peut voyager à la guise du monteur.

Dans le montage d'*Hôtel Terminus*, ce travail de déplacement des sons était prépondérant. Toutes les questions posées par Ophuls, ou presque toutes, étaient *off*, ce qui permettait éventuellement de les raccourcir, de les déplacer, ou même de les «améliorer». En particulier, comme il était toujours question de Barbie, Marcel et les personnes interviewées finissaient toujours par parler de lui en utilisant le pronom «il». Au cours du montage, nous ne pouvions pas toujours laisser simplement ces «il» qui manquaient de précision. Nous nous servions donc du *off* pour les remplacer par «Barbie», que nous allions chercher ailleurs dans les mêmes interviews. Il fallait évidemment que le ton de la voix et l'ambiance sonore sur laquelle elle se détachait puissent raccorder à l'intérieur de la phrase. Nous avions donc l'habitude, dans chaque interview, de collectionner un certain nombre de «Barbie» dits par l'interviewé et par Marcel, entre lesquels nous pouvions choisir le plus approprié dès que nous en sentions le besoin. De même, dans la séquence Caluire, lorsque le Dr Dugoujon raconte qu'il a vu dans son cabinet un certain Jacques Martel, nous avons ajouté *off* cette phrase de Marcel : «C'était Jean Moulin», prise à un autre moment de sa conversation avec Dugoujon. Les spectateurs, en effet, ne savaient pas forcément que Jacques Martel était un des noms de guerre de Moulin. *Hôtel de France* de Patrice Chéreau était aussi un film avec un grand nombre de personnages. Le fait que ces personnages étaient toujours en train de se déplacer tous en même temps, ajouté à la manière assez «touffue» qu'avait Chéreau de les filmer, faisait que l'on pouvait toujours ajouter, retrancher ou déplacer des dialogues *off* : il y avait toujours quelqu'un hors champ qui pouvait parler.

Il nous faut préciser que ces aménagements du son concernent ce que l'on appelle le «montage image», c'est-à-dire la construction du film. Ce ne sont pas là des points de détail que l'on pourrait repousser à la fin du montage. Dès qu'une parole est montée *off*, elle peut et, dans la plupart des cas, elle doit être modifiée. Et cette modification entraîne forcément une modification de l'image. Le rythme d'un dialogue n'est pas perçu de la même façon s'il est synchrone ou s'il est *off*. Son association avec une autre image change la façon dont nous le percevons. Il conviendra donc, selon les cas, de le raccourcir ou de l'allonger, de couper ou d'ajouter des silences. On constate de plus, de la part du spectateur, une moins grande «tolérance» à l'égard d'un discours *off* que celle dont il peut faire preuve à l'égard d'un discours *on*. On supporte en effet de voir quelqu'un hésiter à parler, bafouiller un peu, ou prendre d'inutiles précautions oratoires avant d'en venir au fait : l'embarras que l'on peut lire sur son visage pourra nous intéresser, peut-être même nous émouvoir. Le même texte avec les mêmes scories devient agaçant s'il est *off*. Les hésitations, redites et autres imperfections du débit feront obstacle à son association avec d'autres images. Il faudra donc le «nettoyer», et nous constaterons, curieusement, qu'il nous paraîtra tout naturel d'entendre notre personnage adopter *off* le ton d'une aisance dont, *on*, il s'est montré incapable.

Ce travail d'épuration des dialogues n'est pas l'apanage du documentaire ou de l'improvisation. Ce n'est pas parce qu'un dialogue a été écrit qu'il est immuable. Il est souvent utile d'alléger une séquence en plaçant *off* une partie des paroles. Ainsi, dans *L'Effrontée* de Claude Miller, la séquence dans le café entre Charlotte Gainsbourg et Jean-Philippe Ecoffier a été considérablement raccourcie grâce à l'usage de certains *off*. Comme au cours de cette séquence les jeunes gens faisaient plus amplement connaissance, il n'y avait pas de progression logique, et ce côté un peu «lâche» des dialogues nous a permis quelques coupes. On pouvait relier deux parties distinctes du discours de Charlotte en montant un plan d'écoute d'Ecoffier sur lequel elle continuait à parler. Des phrases intermédiaires étaient éliminées, quand on pouvait garder, par-delà cette suppression, une continuité de sens et d'humeur.

Cette partie du montage avec le son fait entièrement partie du montage. Elle s'effectue en «double bande», c'est-à-dire une bande image et une seule bande son. Elle ne représente pas encore le traitement spécial du son que l'on appelle «montage son», et qui concerne en fait la préparation du mixage. Ce deuxième stade consiste en la distribution, sur plusieurs bandes, de la bande son unique précédemment élaborée, plus d'autres bandes de sons rajoutés. Prenons l'exemple de deux plans. Un personnage entre dans une pièce et dit : «Bonjour». Dans le contre-champ, un autre personnage est assis au fond de la pièce, il lève la tête et répond : «Bonjour». Si le réalisateur a tourné dans le premier plan le personnage qui referme la porte, nous pourrons avoir dans la «copie-travail» en double bande le son *off* de la porte sur le deuxième plan. Si, au contraire, la porte qui se referme n'a pas été tournée, il nous faudra l'ajouter au cours du montage son. On décidera ensuite, au moment du mixage, s'il est utile de faire entendre ce son *off* ou s'il est préférable d'oublier la porte. Même si le bruit de porte a été tourné *on* dans le premier plan, il conviendra, si l'on veut le placer *off* sur le deuxième, de le monter sur une bande séparée. En effet, le son direct de la porte a été tourné dans un plan où la porte était présente à l'image. Si le bruit de porte doit finalement être entendu *off* sur le plan du personnage assis, il devra être «éloigné» au mixage, de la même manière que ce personnage est éloigné de la porte.

Mixer consiste à «envoyer» ensemble toutes les bandes son en lecture, et à les «recevoir» sur une seule bande en enregistrement. Chaque bande est ainsi susceptible d'être corrigée en tonalité et en volume, parfois d'être modifiée par des filtres, avant de se mélanger aux autres. Dialogues, bruits et musiques, qui ont pu être distribués sur une vingtaine de bandes au total, sont ainsi fondus en une seule. On en revient à la double bande de la copie-travail, mais cette fois définitive et équilibrée. Le mixage est par conséquent l'ultime étape du montage, le dernier rendez-vous à ne pas manquer. Pour doser au mixage le son de la porte, il faudra donc l'isoler des autres sons. De plus, même s'il peut être atténué, ce son ne devra pas se superposer aux dialogues. Deux sons placés en concurrence risquent d'y perdre l'un comme l'autre en clarté et en intelligibilité. Il faudra donc placer notre son de porte de façon qu'il ne chevauche aucun des «bonjour» de nos deux protagonistes. Cette réserve tiendra compte, bien entendu, de l'image ; si le personnage assis sursaute, le bruit de la porte ne devra pas venir après, mais bien avant la réaction, comme cause de celle-ci.

Il faut, par ailleurs, tenir compte du fait qu'un son *off* est beaucoup moins facilement identifiable qu'un son *on*. Dans le cas de la porte, comme nous avons vu celle-ci dans le plan précédent, nous n'aurons aucune peine à rapprocher de sa source désormais invisible le son *off* de fermeture. Mais s'il s'agit d'un son moins attendu, sans rapport immédiat avec l'action, et si la nature de ce son ne rend pas son origine évidente, il faudra beaucoup plus de temps au spectateur pour saisir de quoi il s'agit. Un bruit de mer monté *off* sur une séquence en intérieur à Paris, par exemple, sera très difficile à reconnaître. Dans certains cas, s'il n'a pas été très bien choisi, si son intervention est trop brève et s'il est mixé trop faible, on pourra aussi bien le confondre avec un simple bruit de climatisation. En revanche, aucun des défauts mentionnés ne pourrait plus faire obstacle à l'identification de ce son si, en même temps, on voyait la mer.

On peut suggérer, grâce à la conjonction d'une image et d'un son *off*, une nouvelle idée qui n'est contenue ni dans l'une ni dans l'autre, mais qui surgit à leur réunion. Nous avons déjà examiné des exemples de ce type dans *Mon oncle d'Amérique*. L'association devient plus délicate à maîtriser si le son monté *off* n'est pas une parole, mais un bruit. Par exemple, dans *Vanille fraise*, nous avions deux personnages : une femme blanche (Sabine Azéma) et un homme noir (Isaach de Bankolé). Oury souhaitait qu'à l'occasion d'un coup de fil donné par l'acteur noir dans une cabine téléphonique l'actrice blanche l'imagine, grâce au son, au cœur de la jungle. Le réalisateur nous avait bien indiqué dès le début du montage qu'il fallait du temps pour établir l'idée de la jungle, et qu'il était donc nécessaire de prolonger artificiellement la durée de cette séquence en prévision des effet sonores (des tam-tams) qui viendraient y prendre place. Cependant, cette musique a été enregistrée, et placée au tout dernier moment avant le mixage. Lorsque nous avons enfin pu l'écouter avec l'image, il nous a semblé que l'effet comique escompté n'était pas atteint. Nous avons alors tout essayé, ou presque tout, qui puisse suggérer la jungle : rugissements, barrissements, cris d'oiseaux exotiques... Mais nous restions dans le doute et, comme nous n'avions plus le temps de nous retourner sur d'autres tentatives, nous avons dû supprimer cet effet et raccourcir la séquence en question. Telle qu'elle était tournée, l'idée nous semblait finalement plus littéraire que cinématographique. Peut-être ne pouvait-elle être réalisée uniquement à l'aide du son. Peut-être aurait-il fallu que la jungle soit également suggérée à l'image, peut-être l'acteur aurait-il dû décrocher une liane en même temps que le téléphone. Faute d'images, cette hypothèse n'a pu être vérifiée. Ce qui, en revanche, se vérifie parfaitement dans un cas comme celui-ci, c'est la claivoyance du réalisateur, qui sait analyser le problème qu'il rencontre et ne pas s'entêter sur un effet qui n'est pas totalement convaincant. D'autre part, cet exemple nous permet d'insister sur la nécessité de se méfier de tout ce qui doit être ajouté ou retranché en dernière minute.

Des sons placés ensemble ne s'ajoutent pas simplement : ils se brouillent les uns les autres. Contrairement à la vue, l'ouïe est omnidirectionnelle. Elle permet donc de percevoir beaucoup d'objets à la fois. Mais l'oreille, plus encore que l'œil, est sélective : nous n'entendons que les sons auxquels nous prêtons attention, ceux qui signifient quelque chose pour nous, qui nous intéressent. S'ils s'imposent parfois par leur volume (un bruit de marteau-piqueur sous la fenêtre de notre bureau, par exemple), ils deviennent alors insupportables. Mais, en général, si ce marteau-piqueur n'est pas trop assourdissant, nous l'oublierons rapidement au profit de notre conversation. Ainsi, il est la plupart du temps tout à fait inutile de placer plusieurs sons à la fois, de mettre le marteau-piqueur en concurrence avec un dialogue que l'on veut faire entendre. Dans *Week-End*, alors que Mireille Darc parle en intérieur, Jean-Luc Godard fait intervenir, au beau milieu de ce monologue, les bruits de la circulation extérieure. Le son des voitures vient brouiller la voix, ne laissant d'audible que des bribes de phrases, délibérément choisies par Godard. On saisit le sujet du discours, pas plus. Il y a là un effet de réalité différent de celui auquel nous étions habitués. Mais surtout le monologue, qui tourne autour des choses du sexe, devient, dans son pointillé, très érotique, alors que, gardé en entier, il aurait peut-être semblé vulgaire. L'option godardienne consiste donc, en l'occurrence, à jouer ouvertement un son contre un autre. Il nous montre cette lutte, sans essayer de «faire passer» les deux ensemble, à égalité. Il souligne la nécessité du choix.

Laisser, pendant le montage, le son sur une seule bande correspond à un impératif de souplesse et de rapidité dans les manipulations, mais permet aussi de déterminer précisément quels sons doivent passer au «premier plan». Sur une seule bande, un son en exclut un autre, et il faut donc décider lequel, à quel moment, doit l'emporter. Cela n'empêche pas, évidemment, de garder des sons en réserve, qui seront placés sur d'autres bandes une fois le montage image achevé. Mais construire ce montage à l'aide d'une seule bande son évite le renvoi à plus tard de certaines options essentielles. Il faut pouvoir apprécier l'aboutissement d'un récit sans tirer des plans sur la comète quant aux améliorations éventuelles apportées par un supplément d'effets sonores. Cette bande son unique pendant le montage doit cependant finir par devenir multiple. Au moment du montage son, il faudra en séparer les différents éléments et les répartir sur plusieurs bandes.

Filmons par exemple une conversation entre deux personnes dans ce bureau sous la fenêtre duquel fonctionne un marteau-piqueur. Une fois la séquence montée en champ/contre-champ, nous nous apercevons que les plans de la personne proche de la fenêtre ont une ambiance sonore plus chargée en marteau-piqueur que ceux de la personne qui est près de la porte. Le montage comprendra peut-être des plans très courts de la personne à la fenêtre. Dans certains cas même, ses paroles seront montées *off* sur l'image de son interlocuteur. Nous entendrons alors de brusques bouffées de marteau-piqueur, apparaissant et disparaissant de façon très abrupte. Ces ruptures sonores incessantes pourront perturber notre perception de la séquence. Il sera alors préférable de monter sur deux bandes séparées les voix avec et sans marteau-piqueur de nos deux personnages. Nous pourrons prolonger l'ambiance «marteau-piqueur» sur sa propre bande et, au mixage, la «fondre» progressivement dans l'ambiance la plus faible. Selon les cas, on pourra ajouter un marteau-piqueur sur toute la séquence, ou au contraire profiter d'un plan suffisamment long sur le personnage près de la porte, pour oublier qu'il y a des travaux dans la rue. Nous nous servirons ainsi de la sélectivité naturelle de l'ouïe pour ne pas «salir» inutilement une séquence dans laquelle un engin de terrassement n'a peut-être pas sa place.

De la même façon il est fréquent, au cours d'une séquence à l'intérieur d'une voiture, que l'on entende celle-ci démarrer, rouler un moment, puis que le bruit du moteur disparaisse totalement sous les dialogues. Le spectateur n'éprouvera aucune perturbation de cet oubli. Au contraire, il n'en prendra pas même conscience, alors qu'il aurait sans doute été gêné par la poursuite, pendant la séquence entière, de ce son superflu. Il faut cependant préciser que la disparition de l'ambiance «intérieur voiture» devra être progressive : un arrêt brusque provoquerait une rupture sonore qui attirerait l'attention du spectateur. Celui-ci, loin d'oublier simplement le son importun, s'interrogerait alors sur les raisons de cet «accident».

La préparation du mixage implique cependant la prévision de tous les sons qui ont une chance, même infime, de figurer dans le film. On montera ainsi un «roulement intérieur voiture» sur toute la durée de la circulation de celle-ci, ou un bruit de porte même si on ne la voit pas se refermer. Au mixage, on décidera si ces sons doivent ou non être conservés. Néanmoins, il sera souvent préférable, plutôt que de «couvrir» une séquence entière à la campagne d'un concert de chants d'oiseaux, par exemple, de placer soigneusement quelques chants ponctuels qui interviendront plus à propos. L'oreille est assez inventive : on peut, par un seul cri d'oiseau bien choisi et bien placé, suggérer la naissance de l'aube plus sûrement que par une ambiance très fournie, que l'on n'écoutera plus au bout d'un moment. En matière de son, plus encore que pour l'image, trop d'effets s'annulent. Un son ne paraîtra clair, aigu ou fort que par comparaison avec un autre plus sourd, plus grave ou plus faible. S'il est utile de prévoir, en vue du mixage, un grand nombre d'options, il n'en est pas moins indispensable de choisir réellement entre elles, de ménager des plages de silence ou de relatif apaisement pour mieux faire ressortir ce qui doit ressortir. Si au contraire on commence à se livrer à une escalade, une surenchère des sons les uns sur les autres, on ne peut aboutir qu'à une bouillie sonore informe. Seules comptent les différences et, de même qu'il n'y a pas de réelle rapidité si tout est coupé au plus court, de même que le rythme n'existe que par des variations dans le tempo, ainsi une bande son ne sera audible que si chacun de ses éléments se détache lisiblement.

DIALOGUE (4)

> *« Au cinéma, on ne voit pas le public, on ne sait pas qui il est. Il est dans le noir. Au théâtre, on l'attend à 20 h 30, il vient ou il ne vient pas, il bâille, se lève ou reste. Et les comédiens travaillent devant lui. C'est donc une rencontre à ne pas manquer et je pense qu'on l'oublie parfois au cinéma, à cause de tout ce noir et du celluloïd. »*
>
> MICHEL SOUTTER

S.B. : *Vous disiez qu'un film peut être détruit au mixage. Qu'entendez-vous exactement par là ?*

A.J. : Au moment du mixage, on ajoute des éléments sonores qui n'existaient pas dans l'unique bande son de la copie-travail. Tous ces éléments sonores ne sont pas forcément justes. Ce n'est pas parce qu'on voit passer quelqu'un dans le champ de la caméra qu'il est intéressant de l'entendre marcher. Dans la copie-travail, il y a une certaine authenticité, puisque l'on a monté, en principe, avec les sons directs du tournage. Au mixage, on ajoute des sons pour illustrer tout ce qui se passe dans l'image, sans savoir toujours si ces effets sont vraiment utiles, et surtout s'ils ne dénaturent pas le film. Quand on effectue le mixage, et quand ensuite on l'écoute, on a du mal à séparer cette nouvelle perception de la connaissance que l'on a du film dans sa copie-travail. On n'est pas vierge par rapport à ces effets. On reçoit le mixage différemment du spectateur qui, lui, n'a pas de connaissance préalable du film, et le voit donc tel qu'il est. Cette réalité a pour lui un ton différent de celui qu'elle a pour nous. Elle peut être devenue trop « copieuse », sans que nous ayons pu en prendre conscience à temps. La richesse et la nouveauté des éléments que l'on ajoute peuvent nous cacher leur véritable utilité. Nous avons trop souvent tendance à appréhender la perception auditive sur le modèle d'une perception visuelle globale. Si l'on commence à regarder tout ce qui se passe dans un plan d'un personnage dans la rue, on pourra énumérer un grand nombre d'éléments : passants, commerçants, voitures, etc., qui tous font du bruit. Si l'on veut faire ressortir tous ces bruits, on aboutira à une véritable cacophonie, nullement proportionnée à la façon dont nous percevons réellement l'image. En effet, nous voyons bien ces piétons, ces voitures, mais nous n'y prêtons qu'une attention très secondaire. Placer un son sur chaque élément de l'image constitue donc le même type d'erreur que de faire un raccord sur une personne en arrière-plan, alors que le regard est naturellement attiré sur celle qui occupe le devant de l'image. Il faut déterminer ce que l'on a envie d'entendre, et je pars du principe qu'il faut, autant que possible, ne faire entendre qu'un seul son à la fois. Je ne sais plus qui m'a transmis ce principe. Je me souviens qu'au début je ne comprenais pas très bien pourquoi il était si important de ne pas faire jouer plusieurs sons ensemble. Dans une scène de rue, Marcel Carné me faisait monter chaque voiture séparément. Pas une ambiance générale de circulation : chaque voiture isolée sur une bande. Cette méthode obligeait à chercher et à doser chaque effet. Il fallait trouver en sonothèque ou faire enregistrer chaque son, avec le bon modèle de voiture, la bonne vitesse de son passage. Et, faisant cela, on trouvait de nouvelles idées. On pouvait par exemple introduire un effet avec un bruit de moteur un peu bizarre.

S.B. : *C'est un travail énorme.*

A.J. : Quand Carné m'a demandé cela, les bras m'en sont tombés ! C'était pour *Les Tricheurs*, et il y avait des voitures pendant tout le film ! Mais c'est toujours plus intéressant de ne pas se contenter d'ambiances toutes faites. Peut-être est-ce pour cela que j'aime les films d'époque ? On est obligé de tout recréer.

S.B. : *Il n'y a pas de voitures !*

A.J. : C'est cela ! Pour *L'Œuvre au noir* d'André Delvaux, nous avons dû reconstituer toutes les ambiances de rues, en imaginant tout ce qui pouvait s'y passer au XVIe siècle. La Flandre était alors occupée par les armées espagnoles, nous avons donc pensé qu'il y avait beaucoup de soldats. Nous avons aussi mis des cris de toutes sortes d'animaux, qui se baladaient dans les rues de la ville, des bruits de voitures... à cheval, naturellement ! Comme la religion était très dominante à l'époque, nous avons placé des bouffées de chants liturgiques. Mais on en revient aux problèmes de l'identification des sons *off* : il fallait beaucoup de temps pour établir qu'il s'agissait de chants religieux.

Nous avons même dû renoncer à certains sons, parce que le spectateur ne pouvait pas les reconnaître assez rapidement. Par exemple, puisque Bruges est la ville des canaux, nous voulions faire passer des barques. Mais celles-ci n'étaient pas identifiables, dans le laps de temps dont nous disposions pour les faire entendre.

S.B. : Un seul son à la fois, cela correspond uniquement à un souci de clarté, de simplicité ?

A.J. : On peut aussi, de cette façon, mieux maîtriser le rythme de l'enchaînement des sons, créer quelque chose de musical. Mais je me rends compte que cette exigence est très difficile à tenir. Même en étant convaincu, comme je le suis, de son bien-fondé, je suis toujours tenté d'y déroger, en rajoutant des sons. Ce n'est que petit à petit que l'on arrive à épurer.

S.B. : Il faut éviter les effets inutiles.

A.J. : Il faut faire confiance au film. Les réalisateurs français sont, à mon avis, ceux qui ont le plus d'idées, pas seulement dans la façon de conduire un récit, mais aussi dans l'utilisation du son. Pagnol, Guitry, Renoir, Bresson, Tati, Resnais, Godard ont été particulièrement inventifs. Mais, avec toutes ces références, il est tout de même désolant de voir que c'est en France que le son est généralement le plus pauvre dans son utilisation courante ! Les Français ne vont pas au bout de leurs idées, le son n'est pas abouti dans les films français. Si je vais chercher des modèles chez les cinéastes anglo-saxons, ce ne sera pas pour leurs idées, mais pour leur savoir-faire. Depuis des années, je n'ai pas vu dans un film américain une seule idée concernant l'emploi du son. En revanche, quel professionnalisme ! Il est d'ailleurs symptomatique que, lorsque d'aventure un film français bénéficie d'une large exploitation aux États-Unis, toute la bande sonore est retravaillée sur place, et pas seulement les dialogues. Christian Ferry, qui travaille régulièrement comme producteur aux États-Unis et en France, a fait à ce propos cette remarque amusante : «Les Américains servent de la nourriture de fast food dans de la porcelaine de Limoges, et les Français de la grande cuisine dans des assiettes en carton.» J'applaudis des deux mains cette judicieuse comparaison !

S.B. : Vous pensez que cette mauvaise qualité sonore en France est due à des raisons économiques et techniques, ou à des raisons artistiques ?

A.J. : Toutes ces raisons sont liées. Le son est devenu tellement complexe dans les films que sa manipulation est désormais confiée à ceux qui en ont une parfaite connaissance technique. Nous nous trouvons actuellement devant deux sortes de son au cinéma : le son des monteurs et celui des ingénieurs du son. Il y a encore quelques années, le son au cinéma n'était pas si complexe : un ingénieur faisait la prise de son direct sur le plateau, la musique était enregistrée d'une façon très simple, la postsynchronisation était assez rare, et c'était souvent le même ingénieur de direct qui se chargeait également de l'enregistrement de la musique et du mixage. Il y avait déjà quelques ingénieurs du son qui s'étaient fait une spécialité des mélanges, mais enfin les auditoriums étaient beaucoup plus simples, et il n'y avait pas ou peu de manipulations tendant à changer la nature du son. A présent que voyons-nous ? Le son est tellement sophistiqué que même les monteurs confient le montage des sons à des monteurs spécialisés. Dans les films américains, il n'y a presque plus de sons à l'état pur. Tout est filtré, manipulé, échoté, ralenti ou accéléré. La musique est enregistrée sur 16 ou 32 pistes, à l'aide d'autant de microphones. Le spectateur, lui, ne se plaint pas, car il est habitué à ce son non naturel par les musiques et les chansons qu'il entend quotidiennement. Nous en sommes donc arrivés à des mixages cinématographiques extrêmement complexes. Il suffit d'aller faire un tour dans un auditorium et de regarder la batterie d'instruments qui servent aux mixages pour s'en convaincre. Si l'on n'est pas un ingénieur au fait des dernières innovations en matière de son, il ne faut pas songer à mixer un film. C'est la raison pour laquelle le son est différent, semble-t-il, du point de vue du monteur et du point de vue de l'ingénieur du son. Il ne faut pas s'étonner si les réalisateurs sont, au moment des mixages, entièrement soumis aux lois techniques plutôt qu'aux lois artistiques. Nous nous trouvons un peu dans la même situation qu'aux tout débuts de l'avènement de la vidéo, quand les techniciens faisaient la loi face à des réalisateurs désarmés qui, faute de posséder le vocabulaire, ne pouvaient plus formuler une idée.

S.B. : Il y aurait donc en France à la fois une présence de plus en plus envahissante de la technique et un manque de maîtrise de cette technique. Les réalisateurs, les monteurs et les mixeurs se laissent trop facilement aller à une surenchère dans l'utilisation de la technologie.

A.J. : Ce qui compte dans un film, à mon sens, ce sont les comédiens et ce qui appartient aux comédiens : leurs voix. Nous devons tendre à restituer chaque intention, chaque intonation dans son intégrité, avant de chercher à obtenir un son «propre» mais aseptisé. Si nous ne sommes pas capables de maîtriser une technologie, ne jouons pas avec. Il faut garder le sens des priorités. Une fois celles-ci établies, on pourra se mettre à étudier des procédés plus complexes de rendu des effets sonores. On s'en servira alors comme d'un supplément, non plus comme un ersatz destiné à cacher les déficiences du son parole. Si pour des raisons diverses le son direct des dialogues n'est pas très bon, il ne faut pas hésiter à postsynchroniser.

S.B. : Le problème réside dans le jeu des acteurs. Ceux-ci font souvent valoir qu'il leur est difficile de fournir un jeu aussi intéressant en postsynchronisation que sur le tournage. Et certains metteurs en scène sont particulièrement attachés à une authentique simultanéité du jeu et de la parole. Est-ce que le jeu des acteurs ne devrait pas toujours être prioritaire ?

A.J. : Si, mais n'oublions pas que, lorsqu'on rajoute des sons pour un mixage final, ceux-ci s'additionnent et leurs imperfections, loin de s'estomper, se multiplient dans cette opération. En omettant de postsynchroniser, nous pouvons donc rendre une scène parfaitement désagréable. Le jeu d'un comédien, aussi subtil soit-il, perdra tout son intérêt s'il est inaudible. Et ce risque est d'autant plus grand qu'au moment du mixage le réalisateur peut décider d'ajouter à la séquence une musique ou tout autre élément supplémentaire. Si les paroles sont déjà à la limite de l'intelligibilité, le mixeur aura beaucoup de mal à faire ressortir à la fois musique et dialogues. On pourrait presque, à cet égard, énoncer un principe : à partir du moment où le réalisateur veut ajouter une musique sur une scène dialoguée, il faut soit un son direct irréprochable, soit postsynchroniser.

S.B. : Mais est-ce que ce n'est pas la musique qui, souvent, n'est pas à sa place ? Est-ce qu'il n'y a pas, au cinéma, un abus de la musique, qui finit par poser problème au montage parce qu'elle n'a pas de rôle propre ?

A.J. : On ne peut pas rejeter en bloc la musique de film sous prétexte que c'est parfois très mauvais. Il y a des metteurs en scène qui utilisent la musique de façon passionnante, dans des aventures singulières. Mais c'est vrai que, lorsqu'un réalisateur me dit : «Attention, là il y aura de la musique», je commence à me méfier. Très souvent, cette musique n'étant pas encore écrite, personne ne peut savoir ce qu'elle va donner, et elle n'est parfois qu'un prétexte pour reporter à plus tard des décisions de montage. On donne à la séquence une certaine longueur, en imaginant que la musique va lui apporter une atmosphère, une tonalité. Mais ce n'est là que spéculation : on ne peut pas, avant le mixage, se rendre compte si elle joue ou non le rôle imaginé par le réalisateur.

S.B. : Si la musique n'est qu'un «bouche-trou», cela n'a aucun intérêt.

A.J. : Une musique redondante avec l'image peut gâcher complètement une séquence. Si on utilise une musique de suspense avant que se produise un événement qui doit surprendre, on avertit le spectateur de l'imminence de cet événement. Parfois, il sera utile de mettre le spectateur «au courant», mais parfois cet avertissement désamorcera mal à propos toute surprise. Dans ce dernier cas, la séquence sera donc inférieure dans le film mixé à ce qu'elle était dans la copie-travail sans musique. En fait, c'est avant tout une question d'appréciation personnelle. Pour cette raison, comme dans le choix des prises, j'interviens le moins possible dans le choix de la musique et du musicien. Dans *Mon oncle d'Amérique*, la musique a surtout servi pour rendre plus évidente la construction du film. Elle n'avait pas le rôle, qui lui est souvent dévolu, de porter l'émotion, mais elle renforçait des effets de structure. Elle était partie intégrante du montage du film ; sans elle on n'aurait pas pu monter. Dans *L'Amour à mort*, Resnais avait adopté le parti de mettre la musique au premier plan, en considérant qu'elle était un élément à part entière du récit. Il y avait des interludes musicaux accompagnés d'images non figuratives : des particules sur fond noir qui tournoyaient comme des flocons de neige. Je ne pouvais monter ces plans de particules qu'avec la musique, et cela déterminait toute la construction du film. Quand la musique est ainsi une partie organique du film, le montage en devient passionnant.

S.B. : *Comment le travail de montage avec la musique se passe-t-il concrètement ?*

A.J. : D'abord le musicien vient dans la salle voir la copie-travail définitive pour déterminer le style, la place et la longueur de chacun des morceaux de musique qu'il devra composer. Une fois les enregistrements effectués, je modifie éventuellement l'image de façon à trouver de meilleurs synchronismes avec la musique. On peut également déplacer un morceau. C'est rare, mais il arrive que l'on fasse «voyager» des musiques. Parfois on en supprime purement et simplement, si l'on sent que leur présence affaiblit certaines séquences.

S.B. : *Vous n'abordez là que le cas de musiques composées tout exprès pour le film. Mais quand il s'agit d'une musique préexistante...*

A.J. : Je préfère ne pas en parler ! Cela m'irrite de constater cette facilité à laquelle les réalisateurs se laissent entraîner. On dirait que, dès qu'ils entendent un disque qui leur plaît, ils notent les références à tout hasard. Forcément, si l'on place du Mozart ou du Schubert sur des images, on aura toujours une impression de beauté, un sentiment d'exultation ou de tristesse qui s'imposera. Mais, pour cela, on n'aura pas besoin des images ! Ce n'est pas la même chose quand Miller utilise un lied de Schubert dans *Mortelle Randonnée*, puisque c'est une cantatrice qui l'interprète à l'image, dans le parc de l'hôtel de cure à Baden-Baden. De même, si un réalisateur tourne un play-back, les images seront dès l'origine prévues pour être montées avec la musique. Donc celle-ci s'imposera tout naturellement.

S.B. : Quelles contraintes le play-back implique-t-il au montage ?

A.J. : D'abord, il faut dire que, même dans une musique préexistante, on peut couper. Pas besoin pour cela d'avoir de réelles connaissances en matière de composition musicale. Il suffit d'avoir de l'oreille et le sens du rythme. En fait, dès que l'on place une musique à un endroit pour lequel elle n'a pas été spécifiquement écrite, il faut l'«aménager». Parfois, on enlève une introduction, ou au contraire on ajoute une reprise. Dans *Hôtel Terminus*, nous avons sans cesse fait des modifications dans les chansons interprétées par les Petits Chanteurs de Vienne. Comme nous n'en utilisions la plupart du temps que des extraits, il était facile d'en «recomposer» la longueur adéquate en associant ici une introduction et un refrain, là un refrain et un couplet, qui parfois ne se suivaient pas immédiatement dans le morceau original. Avec un play-back, en revanche, ce type de manipulation n'est en principe pas possible. Le réalisateur détermine ou fait composer le morceau qu'il veut utiliser. Au tournage, il fait deux types de plans : des plans synchrones avec cette musique, et des plans supplémentaires non synchrones. Par exemple, la séquence du concert télévisé dans *L'Effrontée* a été tournée dans une proportion d'environ un tiers de plans synchrones avec la musique (la jeune pianiste qui jouait à la télévision), et deux tiers de plans non synchrones (la petite Charlotte déambulant dans les couloirs de son lycée, puis regardant le concert). Ces derniers plans pouvaient, au montage, être répartis à notre guise dans la séquence, tout en respectant évidemment les passages obligés que représentaient les plans en play-back. Miller avait ménagé des points de rencontre entre ces deux types de tournage. Par exemple, un travelling avant sur le visage fasciné de Charlotte correspondait à un mouvement dans le même sens et à la même vitesse sur la pianiste qui semblait lancer un regard à sa spectatrice. Dans le montage d'une séquence en play-back, c'est donc le son qui guide tout : l'image ne fait que suivre. La longueur de la séquence étant déterminée par celle du morceau de musique, les modifications de l'image se déroulent sous forme d'échanges. Imaginons que la séquence débute par un plan play-back de la pianiste qui commence à jouer, suivi de deux plans de Charlotte, puis d'un autre plan de la pianiste. Si je décide de raccourcir d'une seconde le premier plan de Charlotte, il me faudra rajouter dans son deuxième plan la seconde perdue, afin de retrouver, pour le plan suivant de la pianiste, le synchronisme obligatoire avec la musique. C'est en cela que consistent les contraintes du play-back. Une fois celles-ci respectées, il reste encore une grande liberté dans la construction de la séquence. C'est si vrai que, le concert de *L'Effrontée* étant proposé chaque année comme exercice aux étudiants monteurs de la F.E.M.I.S, je ne l'ai jamais vu exécuté deux fois de la même façon !

LES AVENTURES DU FILM COMIQUE

> *«Moi je continue à croire au cinéma-spectacle.»*
> Gérard Oury

Les problèmes que pose au montage un film comique sont toujours plus directs que ceux d'un film dramatique : il s'agit avant tout de faire rire. Il faut donc absolument garder présente l'impression produite par un gag à la vision des rushes pour pouvoir, lorsque l'on travaille à le monter, déterminer s'il est réellement drôle. Parfois, un dialogue, une situation paraissent désopilants aux rushes et tombent complètement à plat dans le montage. En prévision de cette déception, les cinéastes emploient volontiers cette plaisanterie en forme de dicton : «Qui rit aux rushes au montage pleurera !» L'inverse se produit heureusement quelquefois : la rapidité d'un montage, l'effet de surprise qu'il ménage peuvent réactiver un gag un peu laborieux. Dans le montage d'une comédie, l'histoire devient souvent secondaire, ou plutôt : les problèmes qui la concernent sont reportés sur la construction générale, dont les aménagements ne nous intéressent qu'en second lieu. En premier lieu viennent évidemment l'établissement des caractères des personnages et l'organisation, à l'intérieur des séquences, des conditions du rire.

Il est très difficile, pour ceux qui travaillent sur le film, de prévoir exactement ce qui fera rire le public. Dans *La Grande Vadrouille* de

Gérard Oury, il y avait une séquence au cours de laquelle Mike Marshall et Terry Thomas étaient en mission à bord d'un bombardier anglais, que touchait la D.C.A. allemande. Lorsque, à la question de Terry Thomas : «Où sommes-nous ?», Mike Marshall répondait : «Au-dessus de l'Angleterre», on voyait les nuages, au-dessous de l'avion, s'écarter pour découvrir la tour Eiffel. Ce plan, avec le mouvement des nuages, était le résultat d'un truquage qu'il avait fallu mettre au point. Il avait demandé plusieurs corrections successives, avec plus ou moins de nuages. En le montant, nous savions qu'il communiquait au spectateur une information nouvelle, mais jamais nous n'avons pensé que la surprise produirait un tel effet comique. En fait, la surprise fut bel et bien pour nous, quand nous découvrîmes une salle écroulée de rire à la vision de ce plan, dont nous n'avions pas même envisagé qu'il pourrait jouer comme gag. Dans le même film, Terry Thomas, parachuté sur Paris, atterrissait dans le bassin d'un phoque du zoo de Vincennes. L'animal portait le même type de moustaches que l'homme, et nous trouvions cela assez drôle. L'effet comique, auprès du même public qui s'était esclaffé à la vue de la tour Eiffel, fut cependant moins important que nous ne l'avions escompté.

Si un gag ne fait pas rire, il produit alors un effet contraire. La comédie, bien qu'énormément appréciée par le public, est toujours considérée comme un genre mineur, qui n'a d'autre intérêt que de pur divertissement. Si elle vient à manquer, même partiellement, à ce but, elle tombe alors sous le coup d'un mépris aussi hors de proportion que l'est parfois l'engouement des spectateurs pour ce qui réussit à les dérider. Contrairement au théâtre et à la télévision, le cinéma entre «les mains nues» dans le comique. Au théâtre, les comédiens peuvent ajuster leur jeu aux réactions de la salle. Ils peuvent marquer un temps pour laisser le public aller jusqu'au bout du rire, ou au contraire enchaîner plus rapidement sur un passage qui n'a pas produit l'effet souhaité. A la télévision, l'ajout de rires *off* en «boucles» tente à la fois de meubler le temps supposé de la réaction du spectateur et de stimuler son adhésion. Indépendamment de la discutable réussite de ce procédé, son côté mécanique et artificiel en condamne l'utilisation. Certains réalisateurs et certains monteurs défendent la nécessité, au cinéma, de laisser, après un gag, un temps un peu mort, qui permet aux spectateurs de rire sans risquer de manquer une information importante ou le début du gag suivant. Cette pratique est assez dangereuse, dans la mesure où l'on ne peut pas savoir d'avance ce qui va vraiment faire rire, ni pendant combien de temps. Si, d'une part, il ne se révèle pas drôle, et si, d'autre part, il est suivi d'un temps inutile, un gag ainsi raté peut devenir carrément mortel !

Pour le cinéma, donc, pas de recettes. Peut-être vaut-il mieux prendre le risque de couper un rire plutôt que d'introduire un temps mort, qui risque de déséquilibrer toute une séquence. Une autre difficulté réside dans cette question : comment savoir, au montage, si un gag est trop long ou trop court ? Dans *Les Aventures de Rabbi Jacob*, Louis de Funès, après avoir doublé, dans des conditions particulièrement dangereuses, plusieurs files de voitures et klaxonné furieusement contre celles qui lui bouchaient le passage, est à son tour en situation de faire attendre les automobilistes qui le suivent. Faussement distrait, il pose alors un pied sur sa voiture, examine sa jambe de pantalon et se livre à quelques mimiques pour mieux laisser s'impatienter ceux qui attendent son départ. Comment savoir à partir de quel moment ce jeu devient trop long ? Sauf à se fier à sa propre intuition, et surtout à celle de l'acteur et du réalisateur qui ont, au tournage, estimé jusqu'où ce gag pouvait se poursuivre. Pour cette raison, un film comique repose, plus que tout autre, sur la performance de ses interprètes. Les gesticulations de Louis de Funès ne sont drôles que parce qu'elles sont exécutées par Louis de Funès, qui savait introduire, jusque dans la démesure de son jeu, un sens exact de la mesure et du tempo.

A New York, Dalio, dans le rôle du vrai Rabbi Jacob, est en route vers l'aéroport, accompagné de toute sa famille. Un accident sur l'autoroute bloque la circulation, menaçant de lui faire louper son avion. Les parents et amis de Rabbi Jacob sortent alors du taxi et entreprennent de porter le *yellow cab* par-dessus les autres voitures, jusqu'à l'endroit où la route est à nouveau libre. Ce gag utilise plusieurs plans, et en particulier deux plans de suite sur des personnes inquiètes de voir un taxi porté à bout de bras, au-dessus de leur tête. Il s'agit d'abord d'un jeune couple dans une voiture décapotable, puis d'un policier, dont on se demande s'il va intervenir pour verbaliser et qui se contente de baisser prudemment la tête au passage du taxi «volant». Était-il nécessaire de monter ces deux plans, dont l'idée est à peu près la même ? Cette séquence du taxi est-elle trop longue de cette répétition, ou au contraire plus drôle ? Il est bien difficile de trancher. La seule façon de le savoir aurait été de faire une *preview* auprès d'un public non averti. Faute de pouvoir répéter l'expérience de Capra avec sa batterie de microphones, il nous faut, à chaque fois, faire le pari de la justesse de nos impressions.

Dans un film comique, la seule logique qui guide le récit est la logique du rire, établie par le réalisateur. Dans un film dramatique, l'émotion doit payer un tribut plus ou moins lourd au réalisme ou, tout au moins, à une certaine vraisemblance dans l'enchaînement des événements. Même s'il s'agit de science-fiction ou d'un récit très stylisé, une logique s'en dégage, qu'il faut finalement respecter. Dans un film comique, en revanche, toutes les ruptures sont acceptables, dès lors qu'elles peuvent faire rire. On peut ainsi être amené à supprimer toute une partie de séquence, pour la seule raison qu'elle ne contient aucun gag. Dans *Vanille fraise*, le combat entre Isaach de Bankolé et le maffioso, dans le magasin d'accessoires de plongée, a été considérablement raccourci. S'il ne s'était pas agi d'un film comique, on aurait sans doute monté cette bagarre avec son développement, son suspense, ses retournements, montrant l'un puis l'autre des deux adversaires prendre le dessus. Ici, il fallait avant tout arriver au gag, c'est-à-dire au moment où Isaach de Bankolé, s'étant saisi d'un filet et d'un trident, semble un des gladiateurs noirs des jeux antiques. On pouvait alors monter des plans d'archives tirés d'un péplum (*Quo Vadis ?* de Mervyn LeRoy, 1951), où la foule délirante exigeait, d'un geste du pouce vers le bas, le sacrifice du vaincu. Dans le magasin d'accessoires de plongée, Isaach de Bankolé exécute sa victime. La priorité, dans le montage de cette séquence, était la rapidité, ce qui nous a amenés à couper parfois un peu brutalement. Ainsi, d'un plan sur l'autre, le harpon dans la main de notre héros est remplacé par un trident. Cependant, seule une attention très soutenue permet de s'en rendre compte.

Il faut remarquer que l'utilisation d'un extrait de *Quo Vadis ?* dans *Vanille fraise* rejoint celle de Gabin, Darrieux et Marais dans *Mon oncle d'Amérique* en cela que, dans les deux cas, deux séquences hétérogènes coexistent sans que l'on cherche à faire croire qu'il s'agit du même film. Le spectateur d'Oury, comme celui de Resnais, reconnaît immédiatement comme tels les plans d'archives. Il sait qu'ils ont été tirés d'un film pour être introduits dans un autre. Cependant, dans *Mon oncle d'Amérique*, les personnages «réels» (René Ragueneau, Jean Legal et Jeanine Garnier) n'étaient pas directement affectés par la présence de ces extraits. Le rapprochement entre leur comportement et celui de leurs modèles n'existait que pour nous. Dans *Vanille fraise*, en revanche, Isaach de Bankolé interroge le Peter Ustinov du péplum et réagit immédiatement à la suggestion de celui-ci. Oury avait d'ailleurs tourné avec Isaach de Bankolé en tenant compte des directions de regards qui pourraient établir la sensation d'un échange entre Ustinov et lui. Contrairement à *Mon oncle d'Amérique*, où le récit assumait tout au long cette identification d'un personnage du film à un personnage d'un autre film, l'introduction du péplum dans *Vanille fraise* n'obéit à aucune autre logique que celle d'une association d'idées fantaisiste. Le fait même que Bankolé réagisse à cette intervention d'une autre fiction lui retire une certaine autonomie en tant que personnage pour mieux désigner la seule loi qui régit la comédie : le sens de l'humour du scénariste et du réalisateur. Ainsi, nul besoin de motiver psychologiquement ce passage d'un film à un autre, nul besoin de disséminer ailleurs dans le récit de *Vanille fraise* d'autres extraits en leitmotiv : cette intervention du péplum existe parce qu'elle est drôle, un point c'est tout.

De même, jamais les apparitions régulières des deux touristes français dans *Vanille fraise* ne font réellement avancer le récit. Là n'est en effet pas leur rôle. On aurait pu éliminer ce couple secondaire sans que l'histoire s'en fût ressentie le moins du monde. Leur utilité n'est que de provoquer un effet comique supplémentaire qui, de plus, joue sur la répétition de leurs interventions. Si les premiers quiproquos auxquels la présence de ces malheureux touristes donne lieu avaient été supprimés, leur dernière mésaventure aurait été beaucoup moins drôle. Le fait que cette dame reçoive dans ses bras le cadavre du maffioso exécuté par Isaach de Bankolé n'est que l'aboutissement, le «bouquet final» de la suite de persécutions dont elle a été victime. Ici, le comique tient donc à la fois à la gratuité et à la répétition de ces accidents.

Le comique de répétition est une des figures classiques de la comédie, et donne souvent lieu à des gags de montage. Au cours du générique de *Chérie, je me sens rajeunir* (*Monkey Business*) de Howard Hawks, qui se déroule sur l'image d'une porte fermée, Cary Grant intervient à deux reprises pour ouvrir cette porte. On entend alors la voix *off* du réalisateur : «*Not yet, Cary !*» et le comédien referme la porte. Dans le film qui va commencer, Cary Grant interprète en effet un savant particulièrement distrait, et il semble être si bien entré dans son rôle qu'avant même le début du film il a oublié ce qu'il devait faire ! La répétition de ce gag, qui se déroule deux fois de suite exactement de la même façon, est une manière d'accentuer cette distraction, mais surtout d'entrer dans une certaine logique de comique. Qu'il ait été prévu au tournage ou réalisé à l'aide de «doubles» importe peu : ce comique-ci est un pur effet de montage.

Le montage d'un film comique est souvent plus complexe et donc plus intéressant, dans la mesure où il n'utilise pas le dialogue pour faire avancer l'action. Hitchcock préconise particulièrement cela : «Lorsqu'on raconte une histoire au cinéma, on ne devrait recourir au dialogue que lorsqu'il est impossible de faire autrement. Je m'efforce toujours de chercher d'abord la façon cinématographique de raconter une histoire par la succession des plans et des morceaux de film entre eux. Voilà ce qu'on peut déplorer : avec l'avènement du parlant, le cinéma s'est brusquement figé dans une forme théâtrale. Le résultat c'est la perte du style cinématographique et la perte aussi de toute fantaisie» (François Truffaut, *op. cit.*). Le cinéma comique, et celui de Gérard Oury, fait précisément appel au langage cinématographique et à la fantaisie qu'il permet, plutôt qu'à des discours plus ou moins drôles, plus ou moins intelligents, mais qui peu ou prou pourraient se passer d'images. Sans le guide du dialogue, sans le recours à sa logique et à celle qu'il impose au montage, la construction d'un film offre beaucoup plus de libertés. Tout devient possible, et c'est cela même qui rend le tournage et le montage d'un film comique si particuliers.

Dans *Les Aventures de Rabbi Jacob,* Louis de Funès s'introduit de nuit dans une usine. Il glisse le long d'une sorte de toboggan et tombe dans ce que nous apprenons être une cuve de chewing-gum. La question que pose ce gag au montage est exactement celle que formulait David Lean à propos de Laurel et Hardy et de la peau de banane : faut-il ou non prévenir le spectateur de ce qui va se passer ? La différence entre une cuve de chewing-gum et une peau de banane est la suivante : au cinéma comme dans la vie, une peau de banane provoque fatalement une glissade, personne en revanche ne peut penser qu'une cuve de chewing-gum est faite pour que l'on tombe dedans. Et ce pour la simple raison que personne n'a jamais vu une cuve de chewing-gum. Monter un plan de cette cuve avant que Louis de Funès n'y tombe n'aurait donc provoqué aucune attente de la part du spectateur. Une indication cependant précède la chute : l'inscription en gros plan CHEWING-GUM sur les parois de la cuve. Quand nous lisons cette inscription, nous ne faisons pas le même type de liaison avec ce qui va suivre que lorsque nous voyons une peau de banane. Nous comprenons que la friandise américaine va intervenir dans notre histoire, nous ne savons pas encore sous quelle forme. Mais quand Louis de Funès plonge dans le liquide verdâtre, caoutchouteux et plein de grosses bulles, nous sommes avertis des raisons de cette curieuse consistance. Nous en tirons un certain nombre de conclusions dont Oury va pouvoir jouer. Nous nous attendons, par exemple, à ce que de Funès soit tout collant. Le réalisateur dépassera, dans ce domaine, toutes nos prévisions, en laissant clouées au plancher les semelles de notre héros. Un autre élément de comique réside en effet dans l'attente trompée. Lorsque de Funès souffle, nous prévoyons la bulle qu'il va former, nous n'envisageons pas qu'elle va apparaître au sommet de son crâne !

Tout dépend donc de l'ordre et de la durée des plans. Et cela de façon plus impérieuse encore que pour un film dramatique, puisque l'effet recherché doit être immédiat. Le surgissement du rire n'admet pas que l'on diffère quoi que ce soit. Il est possible, dans un film «sérieux», de ménager des séquences dont l'effet émotionnel n'est pas immédiat, mais qui nourrissent le film et sont finalement indispensables à la montée de cette émotion. Dans un film comique, certaines séquences ont aussi comme but essentiel d'en nourrir d'autres, mais elles ne peuvent se dispenser de produire en plus un effet en elles-mêmes. L'impatience du spectateur est telle devant un film comique qu'il ne peut admettre de rester sans rire pendant toute une séquence. Un film comique dans lequel on ne rit pas du début à la fin est considéré comme un film raté, à moins qu'il ne s'agisse d'un film dramatique qui comprend des effets comiques, mais qui n'est pas régi par ceux-ci.

Dans *Levy et Goliath*, à la suite d'un échange entre des sacs de cocaïne et des sacs de poudre abrasive destinée aux usines Renault, toute la chaîne de montage des voitures devient folle. Oury avait tourné une séquence au cours de laquelle la poudre se répandait dans l'usine, droguant d'abord les ouvriers, puis les véhicules eux-mêmes. L'aboutissement de cet épisode tenait dans la sortie d'usine d'une voiture «délirante», tant dans sa forme que dans son comportement. Les gags qui précédaient l'apparition de cet engin étant finalement moins drôles, nous avons préféré couper cette séquence, qui semblait alors n'être que justificative. Il y avait des ouvriers montant des voitures à l'envers, d'autres marchant de plus en plus vite grâce à un effet d'accéléré, des véhicules se livrant à des courses folles dans l'usine, etc. Tous ces plans ont été supprimés, pour passer le plus rapidement possible de la substitution des deux poudres à son résultat monstrueux.

Il arrive aussi qu'un gag s'épuise. Dans *Rabbi Jacob*, Louis de Funès qui, lorsque nous l'avons quitté, avait déjà perdu la moitié de ses chaussures, continue de se coller partout. Il entre dans un bureau, dont il garde la poignée de porte dans la main, s'empêtre dans une rame de papier et s'empare d'un téléphone dont les touches restent une à une accrochées à ses doigts. Chaque gag en lui-même est drôle, d'autant plus que Louis de Funès les accompagne de mimiques chaque fois renouvelées. Cependant, leur accumulation lasse un peu, dans la mesure où ils ne font que décliner les mêmes conséquences de la même situation. Le collage des touches du téléphone ou des feuilles de papier est aussi beaucoup moins spectaculaire que celui des chaussures ou du fauteuil, que de Funès finira par emporter solidement fixé à son derrière. En l'occurrence, s'il n'y a pas de renouvellement dans les gags, s'il n'y a pas de surenchère dans le burlesque, si la démesure n'est pas croissante, on a un peu l'impression que «le soufflé retombe». C'était justement le contraire qui se produisait avec le fameux gag du *Corniaud*, quand la deux-chevaux de Bourvil se désagrégeait complètement, à la suite d'un léger choc occasionné par la Rolls de Louis de Funès. La disproportion de la cause et des effets était irrésistible.

C'est parfois la fulgurance d'un gag qui fait son succès. L'effet est souvent plus drôle de ne pas avoir été préparé. A la fin de *Rabbi Jacob*, tous les protagonistes sont réunis devant Saint-Louis des Invalides. C'est à la fois le mariage de Miou-Miou, la fille de Louis de Funès, la réception d'un nouveau président d'une quelconque République du tiers monde, et les retrouvailles de Rabbi Jacob et de sa petite communauté. La garde républicaine est présente, ainsi qu'une haie de suisses. A l'ordre : «Garde-à-vous !», lancé par le général Jacques François, les suisses croisent leurs hallebardes juste au moment où passait un fleuriste, portant un petit arbre. L'arbuste est coupé net, et le fleuriste, qui ne s'est rendu compte de rien, n'emporte qu'un bout de bâton à l'intérieur de l'église. La brièveté de la digression que forme cet incident en garantit la réussite. Il ne sert absolument à rien, il dure une fraction de seconde, et il est parfaitement jubilatoire. Il est la manifestation de la liberté du réalisateur, de son goût de la fantaisie pour elle-même, et le spectateur lui est reconnaissant de lui faire un tel cadeau, sans autre but que de lui faire plaisir, de lui donner une occasion supplémentaire, et totalement gratuite, de rire un peu.

DIALOGUE (5)

> «*J'ai horreur du montage, parce que je suis obligé de revoir attentivement mon travail et je me dis : "C'est bien mauvais, ça, et ça aussi..."*»
>
> HOWARD HAWKS

S.B. : *Vous parlez de la même manière d'un film de Resnais et d'un film d'Oury. Je sais que les étudiants de la F.E.M.I.S. ont du mal à comprendre cette attitude. Ils ne peuvent pas admettre que vous ayez autant de plaisir à monter* Rabbi Jacob *que* L'Amour à mort.

A.J. : Mais parfois j'ai plus de plaisir dans un film d'Oury que dans un film de Resnais. Ce n'est pas seulement une question de contenu, d'intérêt pour le film en lui-même, tel qu'on peut l'éprouver en tant que spectateur quand on le découvre en salle, complètement achevé. C'est une question d'intérêt de travail. Dans *Mélo*, par exemple, qui est un film que j'aime beaucoup en tant que spectateur, j'ai eu très peu de liberté d'intervention, puisqu'il était tourné en plans-séquences. Je peux dire que j'ai eu moins de plaisir à le monter qu'à monter, disons, *La Folie des grandeurs*. Évidemment, *La Folie des grandeurs* ne me touche pas comme *Mélo*, mais en le montant j'ai pu trouver des choses, inventer des solutions.

S.B. : *Quand même, plus le film vous intéresse par lui-même, indépendamment du travail que vous pouvez y fournir, plus c'est stimulant, enrichissant...*

A.J. : Mais quand on travaille sur un film, ce processus est inversé. Il n'y a pas d'abord le film et ensuite le travail, mais d'abord le travail, qui seul mène au film. Si en plus on est enchanté du résultat, ça n'en est que mieux, mais c'est en supplément. Cela ne veut pas dire que l'on abandonne tout sens critique puisque au contraire monter un film suppose qu'on l'exerce sans cesse. Mais il faut aussi tenir compte du fait que l'on ne travaille pas seul : on côtoie des gens pendant des mois, et l'intérêt que l'on trouve à cette collaboration est primordial. Si j'aime à faire des films d'Oury et des films de Resnais, c'est que je m'entends bien avec les deux, que je trouve enrichissantes les relations que j'entretiens avec l'un comme avec l'autre. D'ailleurs, laissons de côté Oury et Resnais, c'est vrai de tous les réalisateurs dont j'ai monté les films. Il n'y a aucun mépris ni de leur part ni de la mienne, ni de la part d'aucune des personnes avec lesquelles j'ai coutume de travailler, que ce soient des réalisateurs ou des assistants monteurs.

S.B. : *Vous parliez de* Mélo. *J'ai regardé attentivement tous les raccords de ce film, au magnétoscope, image par image. C'est facile à faire, puisque effectivement il n'y en a pas beaucoup ! J'ai constaté que presque tous sont effectués avec un léger redoublement des mouvements d'un plan à l'autre. En général, on recommande au contraire, pour un raccord dans le mouvement, de supprimer quelques images afin d'obtenir l'impression de la continuité.*

A.J. : On triche souvent dans les raccords, mais pas toujours dans le sens d'une contraction. Il faut dire aussi que l'on triche de très peu : quatre images, c'est déjà beaucoup. Si tu me dis que tous les raccords de *Mélo* sont trichés dans le sens d'une dilatation, je te crois aisément. Mais cela ne procède pas, chez moi, d'une démarche consciente. On triche pour rétablir une certaine continuité, qui semble se perdre quand on change d'axe et de grosseur de plan. Si l'on tourne avec deux caméras un personnage qui fait un mouvement et si ces deux caméras ne filment pas sous le même angle ni à la même grosseur, le raccord exact paraîtra presque toujours faux. Les mouvements n'ont pas la même vitesse selon le cadre dans lequel ils s'inscrivent. Mais dire que la solution est toujours de raccourcir me paraît un peu abusif.

S.B. : Je me souviens que, pendant le montage du film d'Ophuls Hôtel Terminus, *vous me disiez souvent : «Il y a toujours une solution, malheureusement !»*

A.J. : Oui, malheureusement, nous sommes condamnés à chercher sans cesse comme des malheureux tant que nous n'avons pas trouvé. Si une fois on pouvait se dire : «Il n'y a rien à faire», on pourrait s'en laver les mains. Mais non, il faut vraiment s'y coller jusqu'au bout. A chaque fois, il faut inventer une solution, repartir de zéro. Pour cette raison, je n'aime pas parler de «faux raccords». Ça n'existe pas. Puisqu'il n'y a pas de norme de «vrai raccord», il n'y a pas non plus de critère du «faux». Évidemment, les raccords sont la base du montage, on est bien obligé d'en passer par là. Mais il ne faut pas croire que ce soit la capacité d'exécuter des raccords harmonieux qui fasse un bon monteur. Toute personne qui a un peu le sens de cela est capable d'y parvenir assez vite. C'est indispensable, mais ce n'est pas suffisant. D'ailleurs, les seuls raccords qui nous paraissent vraiment mauvais sont ceux dans lesquels ce ne sont pas les mouvements, les positions des acteurs qui sont faux, mais l'émotion. Si l'on regarde précisément la plupart des films que nous aimons, qui nous font rêver, on se rendra compte que la majeure partie des raccords sont très loin de l'exactitude. Car ce qui nous intéresse dans un raccord, ce n'est pas l'exactitude mais la justesse. Il y a même des films qui sont montés sans raccords. Je ne parle pas des émissions de télé, que nous avons déjà mentionnées et qui, elles, ne sont pas montées du tout. Mais il y a eu des tentatives, après *A bout de souffle*, de monter des films dont les raccords tiennent uniquement à l'émotion. Yann Dedet est un monteur qui travaille dans ce sens. Il n'y a, dans ce qu'il fait, aucun respect de la continuité des mouvements, de la description de l'espace ou de la chronologie. Cela n'est d'ailleurs pas tout à fait exact de dire que ce type de montage est un montage sans raccords. Ce ne sont pas des raccords classiques, ce ne sont pas des raccords de continuité. Mais cette démarche n'exclut pas que l'on soit attentif à l'enchaînement des plans, à l'harmonie des mouvements, même si ceux-ci sont discontinus. Là encore, cela prouve bien qu'il n'y a pas de règles. Comme disait Fritz Lang :

« Quand de jeunes metteurs en scène viennent vers moi et me demandent : "Donnez-nous les règles pour faire de la mise en scène", je leur dis : "Il n'y a pas de règles". J'ai utilisé le chemin de fer et maintenant je me sers de l'avion, mais il m'est impossible de prétendre que désormais le chemin de fer est mauvais » (entretien avec Jean Domarchi et Jacques Rivette, « La politique des auteurs », *Cahiers du cinéma* n° 99, septembre 1959).

S.B. : Si l'on ramène au montage cette comparaison de Fritz Lang, on peut penser aux théories d'Eisenstein. On considère souvent les expériences qu'il a menées comme des démonstrations un peu puériles des possibilités du montage, des figures primitives du cinéma muet, qui auraient totalement disparu. Mais que dit Eisenstein ? Que le montage permet de faire naître un nouveau sens de la réunion de deux images qui ne le contenaient ni l'une ni l'autre. Alors il construit des films sur ce principe. Il met par exemple un plan d'un dindon après un plan de Kerensky, et le spectateur fait une association, reporte sur Kerensky la vanité stupide qu'il décèle chez le dindon. Mais est-ce que Miller ne fait pas un peu la même chose dans Mortelle Randonnée, *avec le plan du paon quand L'Œil (Michel Serrault) arrive pour la première fois à la villa Forbs ?*

A.J. : Ce qui m'intéresse dans ce qu'on a fait avec Miller, c'est que le paon est vraiment dans le parc de la villa, alors que dans *Octobre*, jamais Kerensky ne rencontre réellement le dindon. Le paon donne à la fois une impression de luxe, d'élégance, et de fatuité imbécile qui s'associe à l'idée que nous avons du personnage de l'aveugle Forbs (Sami Frey) à travers la haine que lui porte L'Œil. Il est bien sûr plus difficile de rendre évident ce rapprochement entre le paon et Forbs, dans la mesure où l'animal est réellement dans la villa. C'est là aussi qu'intervient le montage : dans *Mortelle Randonnée*, le paon apparaît tout de suite, en gros plan, dès que L'Œil a gravi l'escalier qui mène à la villa. Il surgit comme un élément symbolique, il se comporte comme le dindon russe ! Ce n'est que dans le plan suivant que l'on s'aperçoit qu'il fait réellement partie du décor. Le spectateur dispose donc de deux niveaux de récit : 1°) celui d'une continuité simple : L'Œil arrive à la villa. Dans le parc, il rencontre un paon ; 2°) celui d'une association d'idées « eisensteinienne », pourrait-on dire : l'aveugle Forbs n'est qu'un paon. Cette dernière signification, ce second degré ne sont pas forcément perçus par tout le monde. Mais le spectateur qui ne se formule pas l'association Forbs/paon n'est pas démuni pour autant, puisque à aucun moment le récit ne décroche. De plus, même inconsciemment, il recevra un écho de cette signification. L'impression que lui fait le paon s'inscrira dans sa mémoire et se répercutera quand même, clandestinement, sur sa vision de la séquence qui va suivre. On cherche toujours, dans le montage, à établir des associations supplémentaires, à créer des effets d'écho, de correspondance, à l'aide d'éléments très concrets. C'est une démarche naturelle, et je ne me souviens pas d'en avoir jamais parlé avec un réalisateur. On parle pratique dans une salle de montage, et non théorie. Je ne me suis donc jamais demandé si Miller avait pensé à Eisenstein en filmant son paon. Je ne sais pas non plus si l'animal se trouvait là par hasard, ou si Claude l'a fait venir exprès. Cela fait partie du talent des réalisateurs de savoir ce qui doit entrer dans le film, et de l'intégrer aussitôt, s'ils le rencontrent.

S.B. : *Dans le cas de* Mortelle Randonnée, *vous avez monté un plan du paon puis un plan de Michel Serrault. Si ce paon avait été un lion, vous ne l'auriez peut-être pas monté ainsi. Je pense à André Bazin et à son fameux article «Montage interdit». La loi qu'il énonce est la suivante :* «Quand l'essentiel d'un événement est dépendant d'une présence simultanée de deux ou plusieurs facteurs de l'action, le montage est interdit» *(*Qu'est-ce que le cinéma ? Éd. du Cerf, 1958*).*

A.J. : Si j'ai bien compris, tu parles de la théorie de Bazin selon laquelle le montage peut parfois détruire toute crédibilité. Il y a un mauvais usage du montage qui consiste à éluder les difficultés. Pour que le spectateur croie que Chaplin est vraiment dans la cage du lion dans *Le Cirque*, il faut qu'au moins une fois un plan les montre tous deux ensemble. De même, le subterfuge qui consiste à faire voir un comédien prendre un violon ou s'installer devant un piano et à couper pour montrer les mains qui jouent en gros plan est immédiatement perçu par le spectateur comme une tricherie, même si le comédien joue réellement de l'instrument. On peut, à condition qu'il soit invisible, recourir à un trucage, mais en aucun cas au montage. Dans *Mélo*, André Dussollier n'interprète pas réellement les morceaux qu'on lui voit jouer. Il fait les gestes, et c'est un play-back que l'on entend. Mais il a appris suffisamment les positions correspondantes pour que l'on puisse dans le même plan voir à la fois son visage, ses mains, le violon et l'archet. Il y a d'autres cas dans lesquels il ne faut pas couper, ceux des plans dont le sens dépend de la durée. Dans *Le Destin de Mme Yuki* de Mizoguchi, l'héroïne va se suicider. Tout nous indique son projet : la situation, la musique, la lumière d'aube blafarde dans laquelle elle baigne, alors qu'elle progresse au milieu des roseaux vers le lac pour s'y noyer. Elle s'approche d'un restaurant désert, près du lac. Un serveur en sort, la fait asseoir à une table et lui propose une tasse de thé. Lorsqu'il rentre dans le restaurant, la caméra panoramique pour le suivre, quittant Mme Yuki. Le plan est très large, pris en plongée, comme du haut d'un arbre. Quand le serveur revient, un mouvement symétrique nous ramène avec lui, pour découvrir que Mme Yuki a disparu. Nous pensons alors que Mizoguchi a voulu nous ménager une surprise semblable à celle qu'éprouve le serveur, et nous croyons que ce plan a donné tout ce qu'il avait à donner. Nous nous attendons donc à ce qu'il cesse. Mais c'est le contraire qui se produit, et c'est en cela que ce plan devient réellement étonnant. Nous voyons le serveur continuer à accomplir les mêmes gestes : il regarde au loin, appelle Mme Yuki, tournicote un peu autour de sa chaise, fait quelques pas, appelle encore... Et ces mouvements prennent alors une autre signification : sans même avoir fait un seul plan sur le visage de cet homme, sans lui avoir dicté la moindre variation dans son jeu, Mizoguchi nous a fait comprendre que le serveur avait compris. Le fait même que la coupe ait été différée, la durée supplémentaire octroyée à ce plan ont suffi à lui donner un nouveau sens.

S.B. : *Donc, on peut dire que dans certains cas l'absence de montage est un effet de montage.*

A.J. : Oui, enfin, dans la plupart des cas, il faut quand même couper pour faire du montage. Il ne faut surtout pas hésiter à le faire. Au début, je ne comprenais pas que, même si le film est bon, surtout si le film est bon, il gagnera à être monté. Tous les films doivent être montés.

«QUADRILLE D'AMOUR»
(«*THE FLYING SCOTCHMAN*»)

« "Le cinéma est-il un art ? — Qu'est-ce que ça peut vous faire" est ma réponse. Faites des films ou bien faites du jardinage. Ce sont des arts au même titre qu'un poème de Verlaine ou un tableau de Delacroix. Si vos films ou votre jardinage sont bons, c'est que vous pratiquez l'art du jardinage ou l'art du cinéma : vous êtes un artiste. Le pâtissier qui réussit une tarte à la crème est un artiste. Le laboureur non encore mécanisé fait œuvre d'art lorsqu'il creuse son sillon. L'art n'est pas un métier, c'est la manière dont on exerce un métier. C'est aussi la manière dont on exerce n'importe quelle activité humaine. Je vous propose ma définition de l'art : l'art, c'est le "faire". L'art poétique, c'est l'art de faire des poèmes. L'art d'aimer, c'est l'art de faire l'amour.»

JEAN RENOIR

1) Plan d'ensemble

La cinquième avenue à New York. Trafic intense. C'est l'été. Travelling avant sur un immeuble donnant sur Central Park. Le plan s'achève en plan de demi-ensemble.

2) Plan général

L'entrée d'un appartement somptueux au 20ᵉ étage de l'immeuble. Bruit de serrure que l'on ouvre. Cary Grant entre, habillé d'un costume de ville très chic. Il lance : «Chérie ! C'est moi !» et s'arrête devant un guéridon sur lequel sont posées quelques lettres. Il les regarde, sort du champ, revient devant le guéridon et ramasse finalement les lettres. Il en conserve deux, puis sort de l'appartement par où il est entré, en refermant la porte derrière lui.

3) Plan général

Même action que le plan 2, mais au lieu de Cary Grant, c'est Claudette Colbert, qui dit aussi : «Chéri ! C'est moi !»

4) Plan rapproché

En raccord avec l'action du plan 2. C'est-à-dire à partir du moment où Cary Grant regarde le guéridon aux lettres, et jusqu'à ce qu'il sorte de l'appartement.

5) Plan rapproché

Même action que le plan 4, mais avec Claudette Colbert.

6) Plan rapproché

Salon de l'appartement. Sonnerie de téléphone. Cary Grant entre dans le champ, se saisit d'un téléphone blanc, écoute un temps sans rien dire, puis prononce : «Zut !»

7) Plan rapproché

Même action que le plan 6, avec Claudette Colbert qui dit : «Flûte !» au lieu de «Zut !»

8) Gros plan

Le téléphone blanc sonne dans le salon. Une main saisit le combiné. Panoramique pour arriver sur le visage de Cary Grant, qui dit :

«Allô !... Allô !» Un temps, soupçons, il repose le téléphone. Panoramique pour finir sur le combiné raccroché, sur lequel la main s'attarde avant de sortir du champ.

9) Gros plan

Même action que le plan 8, avec Claudette Colbert.

10) Plan général

Dans la cuisine ultra-moderne (pour l'époque) du même appartement, Claudette Colbert prépare le dîner. Elle est vêtue d'un chemisier et d'une jupe écossaise, sur lesquels elle a passé un petit tablier. Face à nous, elle lève la tête sur la réplique *off* de Cary Grant : «Encore une erreur.» Ce dernier rentre de dos et se dirige vers sa femme. Celle-ci, de mauvaise humeur, commence une scène de ménage sur le thème : «C'est à cette heure-ci que tu rentres, heureusement que je suis là pour faire la cuisine», etc. Le ton monte. Durant la scène, Claudette Colbert continue à éplucher les légumes, tandis que Cary Grant fait les cent pas, tout en répliquant. A la fin du plan, nous resserrons sur la femme afin d'éliminer du cadre le mari. Fermeture en fondu.

11) Plan général

Même action que le plan 10, mais c'est Cary Grant, en bras de chemise, qui prépare le dîner, et Claudette Colbert qui rentre dans la cuisine. Naturellement, les rôles sont aussi inversés lors de la scène de ménage. Fermeture en fondu.

12) Plan rapproché

Un téléphone noir dans une garçonnière. Une main soulève le combiné, compose un numéro. La caméra panoramique pour découvrir le visage de Maurice Chevalier. Il écoute un moment la sonnerie à l'autre bout du fil, puis parle : «Allô ! C'est possible pour demain comme convenu.» Un temps, il raccroche, et nous restons sur son visage pensif.

13) Plan rapproché

Même action que le plan 12, mais c'est Carole Lombard que nous découvrons au téléphone, dans la chambre à coucher d'un autre appartement. Vêtue d'une veste sport à chevrons, elle est allongée sur un lit couvert de fourrures.

14) *Plan rapproché*

Dans la cuisine ultra-moderne, contre-champ de la fin du plan 10. Cary Grant entre dans le cadre face à nous et annonce à Claudette Colbert : «Encore une erreur.» Puis la conversation reprend entre le mari et la femme, mais la scène évolue cette fois vers la réconciliation et la tendresse. Pendant cette scène, la caméra recule jusqu'à se placer derrière Claudette Colbert qui épluche ses légumes. Il semble que le couple ait oublié ses dissentiments. Fermeture en fondu.

15) *Plan rapproché*

Dans la cuisine, contre-champ de la fin du plan 11. L'action reste la même que dans le plan 14. Les rôles sont inversés. Fermeture en fondu.

16) *Gros plan*

Une lettre tenue par une main d'homme. On peut lire : *Mon chéri, fais-moi savoir si c'est toujours possible pour 4 heures. J'attends impatiemment un signe de toi. Je t'embrasse. (Signature illisible)* Zoom arrière, et nous découvrons Maurice Chevalier.

17) *Gros plan*

Une lettre tenue par une main de femme. Même texte que dans le plan 16, sauf l'en-tête : *Ma chérie* au lieu *de Mon chéri*. Le zoom nous fait découvrir Carole Lombard.

18) *Gros plan*

Ouverture en fondu. Une grosse horloge dans une rue de New York. Les aiguilles indiquent 4 heures. Fermeture en fondu.

19) *Gros plan*

Ouverture en fondu. Une grosse horloge dans une rue de New York. Les aiguilles indiquent 5 heures. Fermeture en fondu.

20) *Plan large*

Dans une chambre, sur un lit, dans une obscurité presque complète, un couple s'ébat sans que l'on puisse deviner de qui il s'agit. La caméra tourne lentement autour du lit, tandis que l'on entend des soupirs de satisfaction.

21) Plan large

Dans une autre chambre, sur un autre lit, même action que le plan 20. La caméra tourne toujours lentement autour du lit, mais dans le sens inverse du plan 20.

22) Plan rapproché

Dans une chambre où l'obscurité est toujours presque complète, la caméra glisse sur deux chaises. L'une supporte un chemisier et une jupe écossaise jetés à la hâte. Sur l'autre reposent une veste et un pantalon. Nous entendons toujours l'ambiance des joyeux ébats. La caméra tourne lentement, à la même vitesse et dans le même sens qu'au plan 20.

23) Plan rapproché

Dans une autre chambre, toujours dans la pénombre, la caméra glisse sur deux chaises et découvre deux jupes écossaises jetées à la hâte. Ambiance des joyeux ébats. La caméra tourne toujours lentement, à la même vitesse et dans le même sens qu'au plan 21.

24) Plan large

Ouverture en fondu. Cary Grant marche dans une rue de New York. Nous le précédons en travelling arrière. Il s'arrête, suspicieux, et regarde. Il est maintenant en plan plus rapproché. Enfin, il sort du champ. Il est toujours vêtu du même costume de ville.

25) Plan large

Ouverture en fondu. Même action et même mouvement que le plan 24, mais avec Claudette Colbert. Elle aussi porte toujours la même tenue : jupe plissée écossaise et chemisier.

26) Plan large

Un immeuble cossu dans Madison Avenue. Cary Grant entre dans le champ et pénètre furtivement dans l'immeuble, dont l'entrée est surplombée d'un dais.

27) Plan large

Le même immeuble. Claudette Colbert entre dans le champ et pénètre furtivement dans l'immeuble.

28) Plan moyen

La façade de l'immeuble de Madison Avenue. Panoramique vers le bas pour arriver sur l'entrée surplombée d'un dais. Cary Grant sort en rajustant sa cravate.

29) Plan moyen

Même action et même mouvement que le plan 28, mais c'est Claudette Colbert qui sort.

30) Plan moyen

Comme plans 28 et 29. Cette fois-ci, c'est Carole Lombard qui sort en remettant sa veste. Nous découvrons qu'elle aussi porte une jupe écossaise.

31) Plan moyen

Comme plans 28, 29 et 30. Toujours le même mouvement panoramique sur la façade de l'immeuble, et enfin nous voyons sortir un Écossais, en qui nous reconnaissons Maurice Chevalier. Satisfait, il tire sur son kilt et s'éloigne allègrement.

En dépit de sa brillante distribution et de ses décors prestigieux, *The Flying Scotchman* n'a jamais été tourné. J'ai imaginé cette séquence comme exercice pour les étudiants de l'I.D.H.E.C. afin qu'ils puissent envisager, à l'aide des mêmes plans, des solutions de montage déterminant des histoires différentes. Selon le choix, l'ordre et la durée des plans choisis, selon aussi la répartition éventuelle de certains sons *off*, les situations pourront totalement s'inverser. Parmi les nombreuses combinaisons possibles, voyons deux versions.

«QUADRILLE D'AMOUR»
«*THE FLYING SCOTCHMAN*»
1

Dans la cinquième avenue de New York, des files de voitures se suivent. C'est l'été. Nons découvrons un bel immeuble qui donne sur Central Park (plan 1). Au 20ᵉ étage de cet immeuble, Claudette Colbert rentre chez elle. Elle est vêtue d'un chemisier et d'une jupe écossaise. Elle lance à son mari : «Chéri ! C'est moi !» et regarde des lettres posées sur un petit guéridon (début plan 3).
Une lettre, tenue par une main d'homme, porte ces mots, tracés d'une main hâtive : *Mon chéri, fais-moi savoir si c'est toujours possible pour 4 heures. J'attends impatiemment un signe de toi. Je t'embrasse.* La signature est illisible. Nous découvrons que l'homme qui est en train de lire cette lettre est le séduisant Maurice Chevalier (plan 16). Devant le guéridon, Claudette Colbert entend sonner le téléphone (début plan 5). Dans le salon, elle décroche et dit : «Allô!» (début plan 9).
Dans sa garçonnière, Maurice Chevalier lui répond : «Allô ! C'est possible pour demain comme convenu» et il raccroche (fin plan 12). Le mari de Claudette Colbert n'est autre que Cary Grant. En bras de chemise, il prépare le dîner dans leur cuisine ultra-moderne. Il lève la tête en entendant Claudette dire : «Encore une erreur.» Comme il ne peut s'empêcher de lui faire des reproches à l'égard de sa rentrée tardive, une scène de ménage se déclenche (plan 11 avec fermeture en fondu).
Claudette Colbert marche dans une rue de New York, s'arrête pour vérifier d'un regard (début plan 25 avec ouverture en fondu) qu'une grosse horloge municipale marque 4 heures (plan 18 sans fondu), et pénètre furtivement dans un immeuble dont l'entrée est surplombée d'un dais (plan 27).
Quelque part à l'intérieur de l'immeuble, dans une chambre aux volets clos, elle se livre, avec son amant Maurice Chevalier, à de joyeux ébats (plan 21) jusqu'à 5 heures (plan 19 avec ouverture en fondu). Elle ressort alors de l'immeuble seule (plan 29).

Quand Claudette Colbert entre dans sa cuisine ultra-moderne, Cary Grant est à nouveau en train d'éplucher les légumes. Comme elle est, à présent, d'humeur charmante, elle sourit à ses reproches réitérés. Mari et femme finissent par se réconcilier (fin plan 15 sans fondu). Dans leur chambre, dont ils ont fermé les volets, deux chaises supportent les vêtements jetés à la hâte de Claudette Colbert et de Cary Grant : un chemisier, une jupe écossaise, une veste et un pantalon (plan 22). Rien d'étonnant à cela car, sur le lit, leurs propriétaires sont en train de se livrer à de joyeux ébats (plan 20).

THE END

«QUADRILLE D'AMOUR»
«THE FLYING SCOTCHMAN»
2

Dans un bel immeuble donnant sur Central Park (fin plan 1), au 20e étage, Cary Grant rentre chez lui. Il est habillé d'un costume de ville très chic. Il lance à sa femme : «Chérie ! C'est moi !» et s'arrête devant un petit guéridon, sur lequel sont posées quelques lettres. Il entend la sonnerie (début plan 2) du téléphone. C'est sa femme, Claudette Colbert, qui décroche. Elle est vêtue d'un chemisier et d'une jupe écossaise. Après avoir dit plusieurs fois : «Allô !» et attendu quelques instants, elle s'exclame : «Flûte !» (plan 7). Cary Grant prend deux lettres parmi celles du guéridon (milieu plan 4), et entre dans la cuisine ultra-moderne, dans laquelle Claudette Colbert a déjà repris l'épluchage des légumes pour le dîner. Elle a passé un petit tablier sur sa jupe écossaise. De mauvaise humeur, elle reproche à son mari de rentrer si tard, de ne rien faire dans la maison, etc. Le ton monte, et une scène de ménage se déclenche, au cours de laquelle Cary Grant fait les cent pas et Claudette Colbert épluche rageusement. Le téléphone sonne à nouveau (plan 10). Cette fois, c'est Cary Grant qui décroche. Il écoute un moment sans rien dire (début plan 6). Claudette, qui est toujours à son dîner, relève la tête en entendant son mari annoncer : «Encore une erreur» (début plan 10). Quand il entre à nouveau dans la cuisine, il semble être dans de meilleures dispositions, et le couple se réconcilie (fin plan 14 avec fermeture en fondu).

Une grosse horloge de ville indique 4 heures (plan 18 avec ouverture en fondu). Dans la cinquième avenue à New York, le soleil brille (début plan 1). Cary Grant sort de son appartement (fin plan 2), suivi par Claudette Colbert, sans tablier (fin plan 5). Dans une rue de New York, Cary Grant marche, s'arrête un instant pour regarder autour de lui, puis reprend sa marche (plan 24 avec ouverture en fondu). Claudette Colbert le suit toujours. Elle s'arrête elle aussi, et le voit (début plan 25 sans fondu) entrer dans un immeuble surplombé d'un dais (plan 26).

Quelque part dans l'immeuble, dans une chambre aux volets clos, un couple s'ébat joyeusement sur un lit (plan 20). Sur deux chaises sont posés des vêtements jetés à la hâte : un chemisier, une jupe écossaise, une veste et un pantalon (plan 22). Le temps passe : de 4 heures (fin plan 18 avec fermeture en fondu) à 5 heures (début plan 19 avec ouverture en fondu). De l'immeuble, par l'entrée surplombée d'un dais, nous voyons sortir Cary Grant (plan 28), espionné par sa femme, qui s'attarde pour constater (milieu plan 25) que, de la même entrée, un Écossais (Maurice Chevalier) surgit, l'air satisfait, et s'éloigne en tirant sur son kilt (fin plan 31).

THE END

Ces deux versions sont parfaitement réalisables, uniquement par le montage des plans décrits. Bien d'autres histoires encore peuvent être menées à l'aide du même «matériel». Le secret de ces métamorphoses réside bien sûr dans le choix des plans et à l'intérieur des plans. En n'utilisant pas un plan dans son entier, en le prenant plus tard ou en le quittant plus tôt, en le réunissant à d'autres plans, en le faisant intervenir à différents moments du récit, on en transforme parfois entièrement le sens. Certains personnages disparaissent, comme c'est le cas de Carole Lombard dans nos deux versions. D'autres montages pourraient lui donner un rôle prépondérant. De même, nous n'avons jamais fait apparaître deux jupes écossaises ensemble, qui nous auraient raconté l'histoire d'une femme éprise d'un Écossais, ou de deux femmes qui s'aiment. Mais peut-être l'Écossais Maurice Chevalier n'a-t-il jamais eu d'yeux que pour Carole Lombard ? Dans le cinéma hollywoodien des années 40-50, le plan si souvent employé de la standardiste établissant des connexions n'est-il pas une métaphore exacte du montage ? la matérialisation du fil invisible qui nous mène d'un personnage à un autre ? Après tout, nous pouvions aussi bien raconter l'histoire d'un couple sans histoire, sauf, parfois, quelques petits ennuis avec le téléphone...

Le montage est avant tout un métier, et pour mieux l'exercer il faut s'efforcer de l'apprendre à fond. Ce livre est un témoignage sur ce métier, mais il a surtout représenté pour nous l'occasion de mener une réflexion que nous n'aurions sans doute jamais entreprise en dehors de ce cadre. Non que l'on omette de se poser des questions au cours d'un montage, mais ce sont toujours des questions concrètes, dont la solution est au bout de notre travail, de notre pratique, qui consiste à manipuler physiquement la pellicule. La technique est pour nous un moyen, non un but, et j'espère que c'est cela, ce goût de la recherche et de l'expérience, dont nous avons rendu compte au cours de cet ouvrage. Nous espérons aussi, et je dis cela pour nous deux, que personne ne se sentira exclu de ces propos. Nous n'avons pas pu citer toutes les personnes avec lesquelles nous avons travaillé, tous les gens dont nous avons appris. Eh bien, je crois qu'à présent tout est dit. Enfin pas tout : on ne dit pas tout parce qu'on ne sait pas tout. Et il y a peut-être aussi d'autres choses que je sais, mais que je ne sais pas dire.

Albert Jurgenson

INDEX DES FILMS CITÉS

A bout de souffle (Jean-Luc Godard, 1959) 59-60, 153
L'Amour à mort (Alain Resnais, 1984) 137
Ange (*Angel*, Ernst Lubitsch, 1937) 41
L'As des as (Gérard Oury, 1982) 95
Les Aventures de Rabbi Jacob (Gérard Oury, 1973) 143-144, 147, 149
Belle de jour (Luis Buñuel, 1967) 20
Le Chagrin et la Pitié (Marcel Ophuls, 1969) 93
Chérie, je me sens rajeunir (*Monkey Business*, Howard Hawks, 1952) 146
La Corde (*The Rope*, Alfred Hithcock, 1948) 15-16, 39
Le Corniaud (Gérard Oury, 1964) 149
Délivrance (*Deliverance*, John Boorman, 1972) 26-27
Le Destin de Mme Yuki (*Yuki fujin ezu*, Kenji Mizoguchi, 1950) 156
L'Effrontée (Claude Miller, 1985) 45-47, 124, 138-139
La Femme modèle (*Designing Woman*, Vincente Minnelli, 1957) 42
Garde à vue (Claude Miller, 1981) 20, 108
La Grande Vadrouille (Gérard Oury, 1966) 142
Haute Pègre (*Trouble in Paradise*, Ernst Lubitsch, 1932) 65-66
Hiroshima mon amour (Alain Resnais, 1959) 58, 60-61
Hôtel de France (Patrice Chéreau, 1986) 123
Hôtel Terminus (Marcel Ophuls, 1988) . 63-64, 81, 94, 97-117, 122-123, 138
Je t'aime je t'aime (Alain Resnais, 1968) 61-62, 63
Lettre de Sibérie (Chris Marker, 1958) 92-93
Levy et Goliath (Gérard Oury, 1986) 148
Les Liaisons dangereuses (*Dangerous Liaisons*, Stephen Frears, 1989) 65
Les Marines (François Reichenbach, 1957) 92
Mélo (Alain Resnais, 1986) 68, 108-109, 151-152

Le Miroir (*Zerkalo*, Andreï Tarkovski, 1974) 87-88, 117
Mondo cane (Gualtiero Jacopetti, 1961) 95
Mon oncle d'Amérique (Alain Resnais, 1980) 32-33, 63, 67-80, 137, 145
Mortelle Randonnée (Claude Miller, 1982) 30-31, 49-56, 138, 154-155
Naissance d'une nation (*Birth of a Nation*, D-W. Griffith, 1915) 107-108
La Nuit de l'océan (Antoine Perset, 1987) 24-25
L'Œuvre au noir (André Delvaux, 1988) 62-63, 132-133
La Petite Voleuse (Claude Miller, 1988) 87
Providence (Alain Resnais, 1976) 64-65
Quadrille d'amour (*The Flying Scotchman*, anonyme, sans date) 157-165
Les Quatre Cents Coups (François Truffaut, 1959) 59
Le Sang des bêtes (Georges Franju, 1948) 95
Stromboli (Roberto Rossellini, 1950) 26
Les Tricheurs (Marcel Carné, 1958) 132
Une histoire de vent (Joris Ivens, 1989) 89
Vanille fraise (Gérard Oury, 1989) 86, 126, 144-146
Week-End (Jean-Luc Godard, 1967) 127

FILMOGRAPHIE D'ALBERT JURGENSON

1955	Une fée pas comme les autres	Jean Tourane
1956	Les Marines	François Reichenbach
1958	Les Tricheurs	Marcel Carné
	L'Amérique insolite	François Reichenbach
	L'Ambitieuse	Yves Allégret
1959	Classe tous risques	Claude Sautet
1960	Moderato cantabile	Peter Brook
	La Vérité	Henri-Georges Clouzot
	La Bride sur le cou	Roger Vadim
1961	La Belle Américaine	Robert Dhéry
	Rififi à Tokyo	Jacques Deray
1962	L'Empire de la nuit	Pierre Grimblat
	Du mouron pour les petits oiseaux	Marcel Carné
1963	En compagnie de Max Linder	Maud Linder
	Les Amoureux du France	Pierre Grimblat
		François Reichenbach
	L'Échiquier de Dieu	Denys de La Patellière
1964	Allez France	Robert Dhéry
	Le Corniaud	Gérard Oury
1965	La Tête du client	Jacques Poitrenaud
	Le Gendarme à New York	Jean Girault
	La Sentinelle endormie	Noël-Noël
		Jean Dréville
1966	L'Espion	Raoul Lévy
	La Grande Vadrouille	Gérard Oury
	Le Canard en fer-blanc	Jacques Poitrenaud

1967	Le Petit Baigneur	Robert Dhéry
	Je t'aime je t'aime	Alain Resnais
1968	Le Cerveau	Gérard Oury
1969	King Lear	Peter Brook
1970	Le Condé	Yves Boisset
	On est toujours trop bon avec les femmes	Michel Boisrond
1971	Le Saut de l'ange	Yves Boisset
	La Folie des grandeurs	Gérard Oury
1972	L'Attentat	Yves Boisset
	L'Impossible Objet	John Frankenheimer
	Les Aventures de Rabbi Jacob	Gérard Oury
1973	R.A.S.	Yves Boisset
	Stavisky	Alain Resnais
1974	Vos gueules, les mouettes	Robert Dhéry
	Dupont Lajoie	Yves Boisset
1975	Folle à tuer	Yves Boisset
	Lumière	Jeanne Moreau
1976	Nuit d'or	Serge Moati
	Providence *	Alain Resnais
	Le Shérif	Yves Boisset
	Un taxi mauve	Yves Boisset
1977	Repérages	Michel Soutter
	La Septième Compagnie	Robert Lamoureux
1978	La Carapate	Gérard Oury
	La Clef sur la porte	Yves Boisset
	L'Adolescente	Jeanne Moreau
1979	La Maladie de Hambourg	Peter Fleishman
	La Femme flic	Yves Boisset
1980	Mon oncle d'Amérique	Alain Resnais
	Le Coup du parapluie	Gérard Oury
	Allons z'enfants	Yves Boisset
1981	Plein Sud	Luc Béraud
	Garde à vue *	Claude Miller
	La Chèvre	Francis Veber
	Espion lève-toi	Yves Boisset

1982	Portrait imaginaire	Alain Resnais
		Albert Jugenson
		Florence Malraux
		Jean-Pierre Besnard
	L'As des as	Gérard Oury
	Mortelle Randonnée	Claude Miller
	La vie est un roman	Alain Resnais
1983	Benvenuta	André Delvaux
	Le Marginal	Jacques Deray
	Canicule	Yves Boisset
1984	Mémoires	Jean-Jacques Andrien
	L'Amour à mort	Alain Resnais
	La Vengeance du serpent à plumes	Gérard Oury
	Babel Opéra	André Delvaux
1985	Le Neveu de Beethoven	Paul Morissey
	L'Effrontée	Claude Miller
1986	Mélo	Alain Resnais
	Lévy et Goliath	Gérard Oury
1987	Hôtel de France	Patrice Chéreau
	La Nuit de l'océan	Antoine Perset
	Hôtel Terminus	Marcel Ophuls
1988	L'Œuvre au noir	André Delvaux
	La Petite Voleuse	Claude Miller
1989	I Want To Go Home	Alain Resnais
	Vanille fraise	Gérard Oury

* *César du meilleur montage*

Pas de montage sans images.
Mais comme il s'agit d'un livre
nous les avons mises à la fin.
Pour savoir qui est qui, même
si l'on savait déjà dans la
plupart des cas...

Albert Jurgenson à la Moritone.

Théo Angelopoulos

Pierre Arditi

Michel Audiard

André Bazin

Ingmar Bergman

Pascal Bonitzer

John Boorman

Robert Bresson

Luis Bunuel

Frank Capra

Marcel Carné

Alain Cavalier

Patrice Chéreau

Maurice Chevalier

René Clément

Claudette Colbert

Cécile Décugis

André Delvaux

Carl Dreyer

S.M. Eisenstein

Federico Fellini

Christian Ferry

Georges Franju

Jean-Luc Godard

Cary Grant

D.W. Griffith

Jean Gruault

Sacha Guitry

Howard Hawks

Alfred Hitchcock

Joris Ivens

Marin Karmitz

Christiane Lack

Fritz Lang

David Lean

Dominique Lefevre

Carole Lombard

Ernst Lubitsch

Florence Malraux

Chris Marker

Claude Miller

Vincente Minnelli

Kenji Mizoguchi

Nadine Muse

Marcel Ophuls

Gérard Oury

Antoine Perset

Jean Ravel

François Reichenbach

Karel Reisz

Jean Renoir

Alain Resnais

Jacques Rivette

Roberto Rossellini

Michel Soutter

Andrei Tarkovski

François Truffaut

Orson Welles

Marie-Josèphe Yoyotte

Catherine Zins

Sophie Brunet

Imp. Laboureur et Cie
B.P. 16 - 36101 Issoudun Cedex
Tél. 54 21 00 87 - Télécopie 54 03 15 84

Dépôt légal : 2e trim. 1990
Numéro d'imprimeur : 4928